青少年人工智能与编程系列丛书

跟我学 Python 二级

潘晟旻　　　　主　编
方娇莉　马晓静　副主编

清华大学出版社
北京

内 容 简 介

本书以团体标准《青少年编程能力等级 第 2 部分：Python 编程》为依据，内容覆盖该标准 Python 编程二级全部 12 个知识点，旨在促进模块编程思维的养成。全书共 10 个单元，分为三部分。第一部分为模块编程基础篇（第 1~5 单元），主要介绍 Python 编程的算法、函数、标准库、文件等内容，为模块编程打好基础。第二部分为模块编程入门篇（第 6~9 单元），主要介绍模块、类与对象、包、命名空间及作用域，构建模块编程能力养成的路径。第三部分为模块编程拓展篇（第 10 单元），介绍 Python 第三方库的查找、安装和应用，引领学习者认识丰富的 Python 应用生态。本书适合报考全国青少年编程能力等级考试（PAAT）Python 二级科目的考生选用，也是具有 Python 编程初步基础的青少年进行 Python 编程进阶学习较为理想的教材。

本书封面贴有清华大学出版社防伪标签，无标签者不得销售。
版权所有，侵权必究。举报：010-62782989，beiqinquan@tup.tsinghua.edu.cn。

图书在版编目（CIP）数据

跟我学 Python. 二级 / 潘晟旻主编 . —北京：清华大学出版社，2023.7
（青少年人工智能与编程系列丛书）

ISBN 978-7-302-63976-3

Ⅰ.①跟…　Ⅱ.①潘…　Ⅲ.①软件工具 – 程序设计　Ⅳ.① TP311.561

中国国家版本馆 CIP 数据核字（2023）第 117009 号

责任编辑：谢　琛　薛　阳
封面设计：刘　键
责任校对：申晓焕
责任印制：丛怀宇

出版发行：清华大学出版社
　　　　　网　　址：http://www.tup.com.cn, http://www.wqbook.com
　　　　　地　　址：北京清华大学学研大厦 A 座　　邮　编：100084
　　　　　社 总 机：010-83470000　　　　　　　　邮　购：010-62786544
　　　　　投稿与读者服务：010-62776969, c-service@tup.tsinghua.edu.cn
　　　　　质量反馈：010-62772015, zhiliang@tup.tsinghua.edu.cn
印 装 者：三河市铭诚印务有限公司
经　　销：全国新华书店
开　　本：185mm×260mm　　　印　张：10　　　字　数：187 千字
版　　次：2023 年 8 月第 1 版　　　　　　　　　　印　次：2023 年 8 月第 1 次印刷
定　　价：79.00 元

产品编号：094745-01

序

Preface

为了规范青少年编程教育培训的课程、内容规范及考试，全国高等学校计算机教育研究会于 2019—2022 年陆续推出了一套"青少年编程能力等级"团体标准，包括以下 5 个标准：

- 《青少年编程能力等级 第 1 部分：图形化编程》（T/CERACU/AFCEC/SIA/CNYPA 100.1—2019）

- 《青少年编程能力等级 第 2 部分：Python 编程》（T/CERACU/AFCEC/SIA/CNYPA 100.2—2019）

- 《青少年编程能力等级 第 3 部分：机器人编程》（T/CERACU/AFCEC 100.3—2020）

- 《青少年编程能力等级 第 4 部分：C++ 编程》（T/CERACU/AFCEC 100.4—2020）

- 《青少年编程能力等级 第 5 部分：人工智能编程》（T/CERACU/AFCEC 100.5—2022）

本套丛书围绕这套标准，由全国高等学校计算机教育研究会组织相关高校计算机专业教师、经验丰富的青少年信息科技教师共同编写，旨在为广大学生、教师、家长提供一套科学严谨、内容完整、讲解详尽、通俗易懂的青少年编程培训教材，并包含教师参考书及教师培训教材。

这套丛书的编写特点是学生好学、老师好教、循序渐进、循循善诱，并且符合青少年的学习规律，有助于提高学生的学习兴趣，进而提高教学效率。

学习，是从人一出生就开始的，并不是从上学时才开始的；学习，是无处不在的，并不是坐在课堂、书桌前的事情；学习，是人与生俱来的本能，也是人类社会得以延续和发展的基础。那么，学习是快乐的还是枯燥的？青少年学习编程是为了什么？这些问题其实也没有固定的答案，一个人的角色不同，便会从不同角度去认识。

从小的方面讲，"青少年人工智能与编程系列丛书"就是要给孩子们一套易学易懂的教材，使他们在合适的年龄选择喜欢的内容，用最有效的方式，愉快地学点有用的知识，通过学习编程启发青少年的计算思维，培养提出问题、分析问题和解决问题的能力；从大的方面讲，就是为国家培养未来人工智能领域的人才进行启蒙。

学编程对应试有用吗？对升学有用吗？对未来的职业前景有用吗？这是很多家长关心的问题，也是很多培训机构试图回答的问题。其实，抛开功利，换一个角度来看，一个喜欢学习、喜欢思考、喜欢探究的孩子，他的考试成绩是不会差的，一个从小善于发现问题、分析问题、解决问题的孩子，未来必将是一个有用的人才。

安排青少年的学习内容、学习计划的时候，的确要考虑"有什么用"的问题，也就是要考虑学习目标。如果能引导孩子对为他设计的学习内容爱不释手，那么教学效果一定会好。

青少年学一点计算机程序设计，俗称"编程"，目的并不是要他能写出多么有用的程序，或者很生硬地灌输给他一些技术、思维方式，要他被动接受，而是要充分顺应孩子的好奇心、求知欲、探索欲，让他不断发现"是什么""为什么"，得到"原来如此"的豁然开朗的效果，进而尝试将自己想做的事情和做事情的逻辑写出来，交给计算机去实现并看到结果，获得"还可以这样啊"的欣喜，获得"我能做到"的信心和成就感。在这个过程中，自然而然地，他会愿意主动地学习技术，接受计算思维，体验发现问题、分析问题、解决问题的乐趣，从而提升自身的能力。

我认为在青少年阶段，尤其是对年龄比较小的孩子来说，不能过早地让他们感到学习是压力、是任务，而要学会轻松应对学习，满怀信心地面对需要解

决的问题。这样，成年后面对同样的困难和问题，他们的信心会更强，抗压能力也会更强。

针对青少年的编程教育，如果教学方法不对，容易走向两种误区：第一种，想做到寓教于乐，但是只图了个"乐"，学生跟着培训班"玩儿"编程，最后只是玩儿，没学会多少知识，更别提能力了，白白占用了很多时间，这多是因为教材没有设计好，老师的专业水平也不够，只是哄孩子玩儿；第二种，选的教材还不错，但老师只是严肃认真地照本宣科，按照教材和教参去"执行"教学，学生很容易厌学、抵触。

本套丛书是一套能让学生爱上编程的书。丛书体现的"寓教于乐"，不是浅层次的"玩乐"，而是一步一步地激发学生的求知欲，引导学生深入计算机程序的世界，享受在其中遨游的乐趣，是更深层次的"乐"。在学生可能有疑问的每个知识点，引导他去探究；在学生无从下手不知如何解决问题的时候，循循善诱，引导他学会层层分解、化繁为简，自己探索解决问题的思维方法，并自然而然地学会相应的语法和技术。总之，这不是一套"灌"知识的书，也不是一套强化能力"训练"的书，而是能巧妙地给学生引导和启发，帮助他主动探索、解决问题，获得成就感，同时学会知识、提高能力的一套书。

丛书以"青少年编程能力等级"团体标准为依据，设定分级目标，逐级递进，学生逐级通关，每一级递进都不会觉得太难，又能不断获得阶段性成就，使学生越学越爱学，从被引导到主动探究，最终爱上编程。

优质教材是优质课程的基础，围绕教材的支持与服务将助力优质课程。初学者靠自己看书自学计算机程序设计是不容易的，所以这套教材是需要有老师教的。教学效果如何，老师至关重要。为老师、学校和教育机构提供良好的服务也是本套丛书的特点。丛书不仅包括主教材，还包括教师参考书、教师培训教材，能够帮助新的任课教师、新开课的学校和教育机构更快更好地建设优质课程。专业相关、有时间的家长，也可以借助教师培训教材、教师参考书学习

和备课，然后伴随孩子一起学习，见证孩子的成长，分享孩子的成就。

成长中的孩子都是喜欢玩儿游戏的，很多家长觉得难以控制孩子玩计算机游戏。其实比起玩儿游戏，孩子更想知道游戏背后的事情，学习编程，让孩子体会到为什么计算机里能有游戏，并且可以自己设计简单的游戏，这样就揭去了游戏的神秘面纱，而不至于沉迷于游戏。

希望这套承载着众多专家和教师心血、汇集了众多教育培训经验、依据全国高等学校计算机教育研究会团体标准编写的丛书，能够成为广大青少年学习人工智能知识、编程技术和计算思维的伴侣和助手。

清华大学计算机科学与技术系教授　郑　莉
2022 年 8 月于清华园

前 言
Foreword

国家大力推动青少年人工智能和编程教育的普及与发展，为中国科技自主创新培养扎实的后备力量。Python 语言作为贯彻《新一代人工智能发展规划》和《中国教育现代化 2035》的主流编程语言，在青少年编程领域逐渐得到了广泛的推广及普及。

当前，作为一项方兴未艾的事业——青少年编程教育在实施中陷入因地区差异、师资力量专业化程度不够、社会培训机构庞杂等诸多因素引发的无序发展状态，出现了教学质量良莠不齐、教学目标不明确、教学质量无法科学评价等诸多"痛点"问题。

本书以团体标准《青少年编程能力等级 第 2 部分：Python 编程》（T/CERACU/AFCEC/SIA/CNYPA 100.2—2019）为依据，内容覆盖 Python 编程二级，共 12 个知识点。作者充分考虑二级对应的青少年年龄阶段的学业适应度，形成了以知识点为主线，知识性、趣味性、能力素养锻炼相融合的，与全国青少年编程能力等级考试（PAAT）标准相符合的一套适合学生学习和教师实施教学的教材。

"育人"先"育德"，为实现立德树人的基本目标，课程案例涵盖了中华民族传统文化、社会主义核心价值观、红色基因传承等思政元素，注重传道授业解惑、育人育才的有机统一。融合"标准""知识与能力"和"测评"，以"标准"界定"知识与能力"，以"知识与能力"约束"测评"，是本书的编撰原则及核心特色。用规范、科学的教材，推动青少年 Python 编程教育的规范化，以编程能力培养为核心目标，培养青少年的计算思维和逻辑思维能力，塑造面向未来的青少年核心素养，是本书编撰的初心和使命。

本书由潘晟旻组织编写并统稿。全书共分为 10 个单元，其中第 1、4、5、

6 单元由马晓静编写，第 2、3 单元由方娇莉、罗一丹编写，第 7、8、9、10 单元由赵嫦花编写，方娇莉负责组织立体化资源建设。

　　本书的编写得到了全国高等学校计算机研究会的立项支持（课题编号：CERACU2021P03）。畅学教育科技有限公司为本书提供了插图设计和平台测试等方面的支持。全国高等学校计算机教育研究会——清华大学出版社联合教材工作室对本书的编写给予了大力协助。"PAAT 全国青少年编程能力等级考试"考试委员会对本书给予了全面的指导。郑骏、姚琳、石健、佟刚、李莹等专家对本书给予了审阅和指导。在此对上述机构、专家、学者和同仁一并表示感谢！

　　祝孩子们通过本教材的学习，能够顺利迈入 Python 编程的乐园，点亮计算思维的火花，收获用代码编织智能、用智慧开创未来的能力。

作　者

2023 年 4 月

目录
Contents

第 1 单元　算法 **001**

1.1　什么是算法 002
1.2　算法的特性 006
1.3　怎么写算法 007
1.4　判断算法好坏 008
习题 010

第 2 单元　分工合作——函数入门 **013**

2.1　函数的定义 014
2.2　自己动手编函数 021
2.3　函数的参数 023
习题 028

第 3 单元　函数的递归 **034**

3.1　什么是递归 035
3.2　简单的递归实现 039
习题 044

第 4 单元　百宝工具箱——标准库 **049**

4.1　变幻莫测的 random 库 050
4.2　时间在这里——time 库 054
4.3　小小数学家——math 库 058
习题 062

第 5 单元　文件 **064**

5.1　什么是文件 065
5.2　文件的打开和关闭 067

5.3　文件的读写操作 070
习题 076

第 6 单元　模块 081

6.1　模块化编程 082
6.2　创建和导入模块 085
6.3　系统变量 __name__ 088
习题 091

第 7 单元　类与对象 094

7.1　现实生活中的类与对象 095
7.2　Python 中的对象 096
7.3　Python 中创建类与对象 097
7.4　多态和继承 102
习题 105

第 8 单元　包 107

8.1　模块与包 108
8.2　包的创建 111
8.3　包的导入和使用 113
习题 114

第 9 单元　命名空间及作用域 117

9.1　命名空间 118
9.2　作用域 120
9.3　局部变量和全局变量 121
9.4　global 关键字和 nonlocal 关键字 123
习题 127

第 10 单元　获取外部的力量——第三方库 130

- 10.1 第三方库的查找及安装 131
- 10.2 jieba 库的应用 134
- 10.3 pyinstaller 库的应用 139
- 10.4 wordcloud 库的应用 141
- 习题 146

1.1 什么是算法

"小萌,今天劳动课老师说让我们回家学做家务,我们做西红柿炒鸡蛋吧。"

"好呀,好呀!我们来想想该怎么做。"

西红柿炒鸡蛋的方法:把鸡蛋和西红柿放到锅里翻炒,加入调料,等鸡蛋和西红柿都熟了就可以起锅,装盘,食用。

实现的步骤如图 1-1 所示。

1. 准备西红柿,鸡蛋,油,盐

4. 把鸡蛋液倒入锅中　　3. 锅中倒入油,烧热　　2. 西红柿切小,鸡蛋打散

5. 倒入西红柿,一起翻炒;放入适量调料　　　　6. 炒好,装盘

图 1-1 西红柿炒鸡蛋步骤

第 1 单元 算法

"我们的西红柿炒鸡蛋做好了，真好吃！"

"小帅、小萌，你们完成了一个'西红柿炒鸡蛋算法'！"

什么是算法？算法就是解决问题的方法和完成的步骤。

再看一个算法：彩虹糖配色。

糖果商店要制作同心圆彩虹糖。彩虹糖有三圈，每圈的颜色都不能重复，如图 1-2 所示，外圈可选的颜色有：红色、天蓝色、粉色；中圈可选的颜色有：黄色、浅绿色、橙色；内圈可选的颜色有：紫罗兰色、银色、番茄红色。问这样的彩虹糖一共有多少种配色方案？

图 1-2 同心圆彩虹糖的颜色

方法 1：随机挑选

红色＋橙色＋银色，粉色＋浅绿色＋紫罗兰色，天蓝色＋橙色＋番茄红色……呀，晕了，到底有多少种？

方法 2：计算

外圈、中圈和内圈颜色各有三种选法，一共就是 3×3×3=27 种选法。

方法 3：画表格

表 1-1 中列出了所有的颜色组合，大家可以把表格补充完整吗？

表1-1 彩虹糖配色表

外　圈	外圈＋中圈	外圈＋中圈＋内圈
红色	红色＋黄色	红色＋黄色＋……
	红色＋浅绿色	红色＋浅绿色＋……
	红色＋橙色	红色＋橙色＋……
天蓝色	天蓝色＋黄色	天蓝色＋黄色＋……
	天蓝色＋浅绿色	天蓝色＋浅绿色＋……
	天蓝色＋橙色	天蓝色＋橙色＋……
粉色	粉色＋黄色	粉色＋黄色＋……
	粉色＋浅绿色	粉色＋浅绿色＋……
	粉色＋橙色	粉色＋橙色＋……

"小帅、小萌，这三种方法，你们更喜欢哪一种？"

"方法1看着简单，但是容易遗漏；方法2通过计算得到，但是看不到分别是哪些组合情况；方法3用表格可以看清每一种组合，方法描述也清楚。"

【问题1-1】 上面的这三种方法，请对比一下，哪种方法更好？

【例1-1】 制作彩虹糖程序。

```
from turtle import *
outer=['red','skyblue','pink']              # 外圈颜色
middle=['yellow','palegreen','orange']      # 中圈颜色
inner=['violet','silver','tomato']          # 内圈颜色
penup()
```

```
goto(-400,200)
pendown()
for i in range(0,3):                    # 从外圈、中圈和内圈依次取颜色组合
    for j in range(0,3):
        for k in range(0,3):
            pencolor(outer[i])
            dot(80,outer[i])
            pencolor(middle[j])
            dot(50,middle[j])
            pencolor(inner[k])
            dot(30,inner[k])
            penup()
            fd(100)
            pendown()
    penup()
    goto(-400,200-100*(i+1))
    pendown()
```

运行结果如图 1-3 所示。

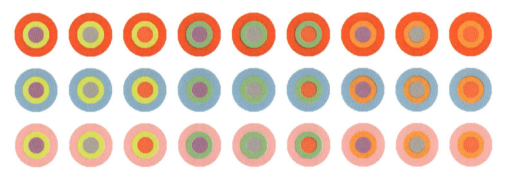

图 1-3　彩虹糖绘制程序运行结果

程序中用到了三层循环，最内层循环画出最里面的一圈，中间循环画出中间一圈，外层循环画出最外一圈。

通过前面对问题的分析可以知道，不同的思维有不同的解决方法。用计算机思维解决问题的方法，就是计算机算法。如果要把问题交给计算机去解决，那么对算法的描述就应该清晰、准确。对于算法就有一些判断的标准和依据。

1.2 算法的特性

再回到彩虹糖的制作。总结一下，制作的过程就是画圆，涂色，画圆，涂色……

一颗彩虹糖包含算法的五个特性：有穷性、可行性、确定性、输入和输出。下面把制作彩虹糖的关键步骤再写一遍。

```
for i in range(0,3):
    for j in range(0,3):
        for k in range(0,3):
            pencolor(outer[i])
            dot(80,outer[i])
            pencolor(middle[j])
            dot(50,middle[j])
            pencolor(inner[k])
            dot(30,inner[k])
```

从上面这段代码可以分析出算法具有 5 个特性。

（1）有穷性：执行步骤是有限的，不会无限循环下去。

通过列表和运行结果可以看出，共可以做 27 种彩虹糖，3 层循环次数是 3×3×3=27，这是有限的。

（2）可行性：算法的每一步都是可行的。

这些关键操作都是 turtle 库里的常用操作，每一步都是计算机可以执行的，引入 turtle 库后直接使用即可。

（3）确定性：算法的每一步都有确定的含义，没有二义性，不会被解释为其他的操作。

（4）输入：每个算法都需要有 0 个或多个输入。

彩虹糖的颜色在列表中给出，彩虹糖的大小由 dot( ) 函数的参数给出，这些都是输入。

（5）输出：每个算法都至少要有 1 个输出，有的算法会有多个输出。

彩虹糖的所有配色结果都会在最后打印输出。

1.3 怎么写算法

算法不是程序，不需要运行，只是描述解决问题的方法和执行的步骤。写算法有几种方式，下面以求 1~n 的累加和为例来分析算法的几种写法。

【例 1-2】 求 1+2+3+…+n 的值。

1. 用自然语言描述

自然语言就是以平时说话的方式，用语言把解决问题的方法和步骤说清楚。

算法描述如下。

第一步：输入整数 n 的值。

第二步：检查 n 是不是正整数。

第三步：如果 n 是正整数就执行第四步，否则回到第一步。

第四步：初始化变量 sum=0，i=1。

第五步：判断 i<=n 是否成立，把 i 加到 sum 中。

第六步：i 值增加 1。

第七步：如果是，转回第四步；如果不是，执行第七步。

第八步：输出 sum 的值。

2. 用流程图描述

流程图是描述算法的一种工具。它通过一些基本图形来表示算法的执行过程，如图 1-4 所示，从流程图中很容易看出程序的三种结构：顺序、选择和循环。

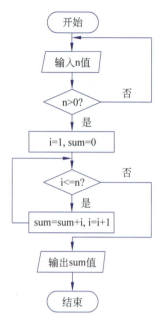

图 1-4 流程图描述算法

3. 用伪代码描述

伪代码很像真正的代码,但它不受语法的约束,不能由计算机执行,通常也用来作为一种算法的描述方法,在此不再介绍。

1.4 判断算法好坏

既然解决问题的办法很多,那么该怎么来衡量一个算法是好还是不好呢?评判标准有 5 个。

1. 时间复杂度

时间复杂度是指算法执行所需要的时间。这个时间往往由一个算法中最基本的操作要执行的次数来决定,比如例 1-2 中,最基本的操作是加法,因此该算法中,加法操作执行的次数就是算法的时间复杂度。基本操作执行次数较少的算法就优于执行次数较多的算法。

2. 空间复杂度

空间复杂度是指算法执行过程中需要消耗的内存空间,除程序本身外,主要指变量占用的内存空间。在例 1-2 中,变量用到了 n、i 和 sum。在其他条件相同的情况下,变量所占内存空间少的算法就好于占用内存空间多的算法。

3. 正确性

正确性是算法的一个重要标准。算法首先要正确,才能解决问题。

4. 可读性

算法的可读性是指算法写好后,要让人能读懂,对解决方法的描述和执行步骤的描述都要清晰明了。

5. 健壮性(也称为容错性)

算法的健壮性是指算法能对不合理的程序操作做出反应。例如,例 1-2 中,如果需要输入正整数,那么当输入是一个负数的时候,算法应该能给出错误提示,而不是引发内部错误或者没有提示直接退出。

"没想到一个算法还有这么多的特性和判断标准,那是不是在编写程序之前要把算法先想好,并且用这些标准和特性来检验一下啊?"

"小帅、小萌,你们说的太对了。我们在编写程序之前,确实应该先考虑算法,找到一种合适的算法之后,再把它转换为程序。"

【问题 1-2】 想一想你之前写过的程序，解决方法有没有满足算法的特性？并用算法的 5 个判断标准来判断自己的算法是否是优秀的算法吧。

【问题 1-3】 在例 1-2 描述的算法中，判断输入的 n 是否为正整数的步骤，满足的算法特性是（　　）。

A. 时间复杂度　　　　　　B. 健壮性
C. 正确性　　　　　　　　D. 可读性

"本单元学习了算法。无论用哪种方法描述，都要满足算法的 5 个特性，写好的算法再用 5 个标准来判断一下好不好。另外，别忘了以后再写程序时，先思考算法，找到合适的算法后很快就可以转换为程序了。

在后续课程中，还将有关于算法的更具体的讲解，敬请期待哦。"

习　题

1. 下列代码中，**不**符合算法有穷性的是（　　）。

A.
```
a = 3
while a < 5:
    a = a - 1
```

```
else:
    print(" 循环结束 ")
```

B.
```
a = 3
while a > 0:
    a = a - 1
else:
    print(" 循环结束 ")
```

C.
```
a = 3
while a < 5:
    a = a + 1
else:
    print(" 循环结束 ")
```

D.
```
a = 3
while a > 5:
    a = a - 1
else:
    print(" 循环结束 ")
```

2. 下面的代码中，没有输入的是（　　）。

A.
```
a = 3
if a % 2 == 0:
    print("{} 是偶数 ".format(a))
else:
    print("{} 是奇数 ".format(a))
```

B.
```
a = int(input(" 请输入一个整数 :"))
if a % 2 == 0:
```

```
        print("{}是偶数".format(a))
    else:
        print("{}是奇数".format(a))
```

C.

```
if a % 2 == 0:
    print("{}是偶数".format(a))
else:
    print("{}是奇数".format(a))
```

D.

```
b = 3
a = b
if a % 2==0:
    print("{}是偶数".format(a))
else:
    print("{}是奇数".format(a))
```

3. 算法的确定性是指（　　）。

　　A. 算法有确定的名字

　　B. 算法解决某个特定的问题

　　C. 算法没有二义性，每个语句都有特定的含义

　　D. 算法可以由计算机实现

4. 算法的可读性是指（　　）。

　　A. 算法用中文描述

　　B. 算法用流程图描述

　　C. 描述算法写的字都认识

　　D. 算法容易读懂，没有难懂的语句

5. 对输入数据做合法性判断，满足的算法判断标准是（　　）。

　　A. 正确性　　　　　　　　　　B. 健壮性

　　C. 时间复杂度更优　　　　　　D. 可读性

2.1　函数的定义

"老师,在一级教材里我们就学会了怎么使用标准函数,是不是所有事情都可以通过标准函数解决呢?"

"不是的,其实函数分为三种:第一种是系统自带的函数即内置函数,如前面我们学过的 int( )、pow( ) 等;第二种是自定义函数;第三种是系统函数。为了提升我们使用函数的技能,先来学习函数的定义……"

　　无论是哪种函数,都是一段具有特定功能的、可重用的语句组,用函数名来表示并通过函数名进行功能调用。函数能够完成特定功能,而使用者却不需要了解它内部的实现原理,就像按动特定的按钮,让洗衣机按照设定的条件,自动完成洗衣工作一样。严格来说,函数是程序的一种基本抽象方式,它将一系列代码组织起来通过命名供其他程序使用。函数封装的直接好处是代码复用,任何其他代码只要输入参数即可调用函数,从而避免相同功能代码在被调用处重复编写。代码复用产生了另一个好处:当更新函数功能时,所有被调用处的功能都被更新。

　　使用函数主要有两个目的:降低编程难度和代码复用。函数是一种功能抽象,利用它可以将一个复杂的大问题分解成一系列简单的小问题,然后将小问题继续划分为更小的问题,当问题细化到足够简单时,就可以分而治之,为每个小问题编写程序。当各个小问题都解决了,大问题也就迎刃而解了。

　　函数可以在一个程序中的多个位置使用,也可以用于多个程序,当需要修改代码时,只需要在函数中修改一次,所有调用位置的功能都更新了,这种代码重用降低了代码行数和代码维护的难度。

【问题 2-1】 下列关于 Python 代码复用和程序抽象的叙述，正确的是（   ）。

A. 代码复用可以提高程序的运行效率
B. 对程序功能进行分解和抽象，不利于大型应用程序的实现
C. 函数是代码复用的一个重要组成部分
D. 代码复用和程序抽象增加了编程难度，应尽量避免使用

小萌了解了函数的概念后，很想知道 Python 提供了哪些标准函数供编程使用。

"老师，Python 还有哪些有趣的标准函数呢？"

"标准函数（或内置函数）还有很多，我们先来看看表 2-1 吧！"

表 2-1 常用标准函数列表

标准函数	描　　述
abs()	abs(x)，返回 x 的绝对值
type()	type(x)，返回 x 的数据类型
chr()	chr(x)，返回 Unicode 编码 x 对应的单字符
ord()	ord(x)，返回单字符 x 表示的 Unicode 编码
sorted()	sorted(x)，对所有可迭代的对象进行排序操作
tuple()	tuple(x)，将 x 转换为元组
set()	set(x)，将 x 转换为集合

【例 2-1】 乘车计费。

小萌常常乘公交车上学，如有公交卡可打 9 折。请用 Python 编程，为如图 2-1 所示的公交刷卡机写一段公交卡计费的程序。

图 2-1 公交刷卡机

```
m = input ("输入原始金额:")
cost = m * 0.9
print("需花费{}元".format(cost))
```

输入数据后会发现出错，咱们能帮助她吗？通过前面所学应该修改该程序，如下。

```
m = eval(input("输入原始金额:"))
cost = m * 0.9
print("需花费{}元".format(cost))
```

因为 input() 函数得到的是字符串，字符串乘 0.9 会出错，在 input() 外加上 eval() 函数的作用：将字符串 str 当成有效的表达式来求值并返回计算结果。

【问题 2-2】 上面的程序能不能修改为：

```
m = input("输入原始金额:")
cost = eval(m * 0.9)
print("需花费{}元".format(cost))
```

如果不可以，说说为什么？

【问题 2-3】 运行下方代码段，对运行结果叙述正确的是（　　　）。

```
a = "b" * 3
b = 2
c = eval("b * 3")
print(a)
print(c)
```

A. 程序发生语法错误
B. 变量 c 的值为 6
C. 变量 a 与变量 c 一样
D. 变量 c 的数据类型是 str

一天，小萌与小帅在一起聊天……

"小帅，你知道你是什么星座吗？"

"当然知道，我是白羊座，哈哈！我还会用 Python 输出♈的图案及对应的 Unicode 编码呢。"

【例 2-2】 星座图案及编码。

```
a = ord('♈')
b = chr(9800)
print("白羊座的编码是 {}".format(a))
print("白羊座的符号是 {}".format(b))
```

chr( ) 函数返回 Unicode 编码对应的单字符，ord( ) 函数返回单字符表示的 Unicode 编码。

【问题 2-4】 上面程序中变量 a、b 分别是什么类型？

【问题 2-5】 下列关于 Python 函数运算结果的叙述中，正确的是（　　）。
A. chr (ord ('c')) 的值为 99
B. chr (65) 的值为 'A'
C. chr (66) 的值为 B

D. ord ('a') 的值类型为 '97'

好朋友要来家里玩,小帅要统计朋友们总共需要多少种水果,有多少水果是重复的。

"老师,我想去除清单中重复的水果名,有什么简单的办法吗?"

"一般去除重复信息,我们会使用 set( ) 函数。"

【例 2-3】 用 set( ) 实现水果去除重复。

```
fruits = ["apple", "banana", "pear", "apple", "pear", "pear",
"orange", "pear", "apple", "orange"]
d = {}
for i in fruits:
    d[i] = d.get(i,0) + 1
a = len(set(fruits))
print(" 需要 {} 种水果,重复 {} 种 ".format(a,len(fruits)-a))
print(d)
fruit = input(" 你要查询的水果名字是什么: ")
if fruit in fruits:
    print(" 我们有这种水果 ")
else:
    print(" 对不起,我们不提供这种水果 ")
```

【问题 2-6】 在例 2-3 中,len( ) 是什么函数?
【问题 2-7】 在例 2-3 中,fruit in fruits 会得到哪些结果?

【例2-4】 小帅要为朋友们买3个苹果、1个香蕉、4个梨、2个橘子。编程实现对这些水果按照数量从小到大及从大到小排序。

```
q = [3,1,4,2]
new1 = sorted(q)
print(new1)
new2 = sorted(q,reverse=True)
print(new2)
```

【问题2-8】 将例2-4改成下面的程序，输出结果会不会是有序的？

```
q = [3,1,4,2]
sorted(q)
print(q)
```

【问题2-9】 new1与new2两个列表有什么区别？ reverse=True的作用是什么？

【问题2-10】 运行下列代码，输出的结果是（　　）。

```
t01 = tuple("abcbccde")
s01 = set(t01)
print(len(t01))
print(len(s01))
print("ab" in s01)
```

A.	B.	C.	D.
8	1	8	8
8	5	5	5
False	True	True	False

【问题 2-11】 运行下列代码，输出的结果是（　　）。

```
li01 = [1,5,3,-1,3]
sorted(li01)
li02 = sorted(li01,reverse=True)
print(li01)
print(li02)
```

A.

[1,5,3,-1,3]

[1,5,3,-1,3]

B.

[1,5,3,-1,3]

[5,3,3,1,-1]

C.

[-1,1,3,3,5]

[1,5,3,-1,3]

D.

[-1,1,3,3,5]

[5,3,3,1,-1]

"老师，所有的问题，都能够用标准函数解决吗？"

"小萌，问题的种类千变万化，标准函数不可能都可以解决。当遇到标准函数不能完成的问题时，就要咱们自己动手编写函数，这样的函数叫作自定义函数。"

Python 使用 def 关键字定义一个函数：

```
def <函数名>(<参数列表>):
<函数体>
return <返回值列表>
```

函数名可以是任何有效的 Python 标识符，其后必须带上一对小括号。小括号中的参数列表里面的参数是形式参数，简称为"形参"。函数体是函数每次调用时执行的代码，由一行或多行语句组成。当需要返回值时，使用关键字 return 和返回值列表。如果不需要返回值，函数体可以没有 return 语句。

2.2 自己动手编函数

"既然获得了自定义函数的能力，我想自己做一个显示♥的函数……"

让 Python 来帮助小萌吧！

【例 2-5】 编写函数，完成绘制♥。

```
from turtle import *
def heart():
    length = 100
    c = color('red')
    hideturtle()
    begin_fill()
    seth(45)
    circle(length,180)
    right(90)
    circle(length,180)
    fd(2*length)
    left(90)
    fd(2*length)
    end_fill()
```

【问题2-12】 上面的程序,定义了一个函数,这个函数的名字是什么?这个函数有没有参数呢?

【问题2-13】 上面的程序,在自己定义的函数内有没有使用标准函数?

【问题2-14】 下列关于Python函数的叙述中,正确的是（　　）。
A. 用户自定义函数可以使用define定义函数
B. 用户自定义函数可以没有形参,但不能没有函数名
C. 用户自定义函数名不能和Python内置函数名重名
D. 用户自定义函数中最少有一条返回值的return语句

"老师,为什么运行后看不到输出结果呢?"

"那是因为你没有调用函数。定义好的函数,必须经过调用,该函数才能被执行。"

应用前面所学,加入函数调用就可以看到小萌写的函数调用后的效果了!

```
heart()
```

程序调用一个函数需要执行以下4个步骤。
（1）调用程序在调用处暂停执行。
（2）在调用时将实参复制给函数的形参。
（3）执行函数体语句。
（4）函数调用结束是给出返回值,程序回到调用前的暂停处继续执行。

【问题 2-15】 函数调用语句 heart( ) 应该放在哪里？是放在"def heart( ):"之前还是放在"def heart( ):"这个函数定义之后呢？还是都可以？

【问题 2-16】 函数调用语句 heart( ) 如果放在 def heart( ): 之前，会出现什么情况呢？

2.3 函数的参数

"这个程序每次执行都只绘制一个♥，♥的数量可不可以控制？老师，我想自己输入要绘制的♥的个数，控制绘制几个♥……"

"当然可以，这就要用到函数的参数。函数中，参数的值是可以灵活设置的。"

1. 位置参数

【例 2-6】 ♥个数自己做主。

```
from turtle import *
from random import *
def heart(n):
    speed(0)
    bgcolor('black')
    hideturtle()
```

```
        for i in range(n):
            x,y = randint(-window_width()//2,window_width()//2),\
randrange(-window_height()//2,window_height()//2)
            penup()
            goto(x,y)
            pendown()
            r,g,b = random(),random(),random()
            color(r,g,b)
            length = randint(5,20)
            begin_fill()
            seth(randint(0,365))
            circle(length,180)
            right(90)
            circle(length,180)
            fd(2*length)
            left(90)
            fd(2*r)
            end_fill()
        done()
size = eval(input('请输入爱心数量：'))
heart(size)
```

当输入参数 100 后，运行结果如图 2-2 所示。

请输入爱心数量：100

图 2-2　百颗随机颜色的爱心

第2单元 分工合作——函数入门

【问题2-17】 def heart(n): 中的 n 与 heart(size) 中的 size，哪个是形式参数？哪个是实际参数呢？

【问题2-18】 size = eval(input("请输入爱心数量："))，如果没有 eval() 函数，程序对不对？

【问题2-19】 在例2-6中最后一条语句 heart(size) 如果写成 heart() 对不对？为什么？

> 对于 heart(n) 函数，参数 n 就是一个位置参数，也叫作必选参数。当同学们调用 heart 函数时，必选传入有且仅有的一个参数 n。

【问题2-20】 函数定义代码如下，有关函数调用及返回结果的叙述中，正确的是（　　）。

```
def demo(a,b):
    c = a + b
    return c
```

A. demo(2,3) 的返回值为 5
B. demo('2','3') 的返回值为 '5'
C. demo(2,3) 的返回值为 '5'
D. demo('2','3') 的返回值为 5

> 注意：形参与实参类型不一致，程序不一定会有语法错误，只是可能会造成结果与预想的不一样。

2. 默认参数

"老师,在例2-6中♥的颜色不一,我能让爱心的颜色更统一吗?"

"小萌,可以降低颜色参数r,g,b变化的范围,例如,给r一个默认值。"

在定义函数时,如果有些参数存在默认值,即部分参数不一定需要调用程序输入,可以在定义函数时直接为这些参数指定默认值。当函数被调用时,默认参数可以传也可以不传,如果没有传入对应的参数,就使用函数定义时的默认值替代。

【例2-7】爱心色彩部分固定。

```python
from turtle import *
from random import *
def heart(n,r=1):
    speed(0)
    bgcolor('black')
    hideturtle()
    for i in range(n):
        x,y = randint(-window_width()//2,window_width()//2),\
              randrange(-window_height()//2,window_height()//2)
        penup()
        goto(x,y)
        pendown()
        g,b = random(),random()
        color(r,g,b)
        length = randint(5,20)
        begin_fill()
        seth(randint(0,365))
```

```
        circle(length,180)
        right(90)
        circle(length,180)
        fd(2*length)
        left(90)
        fd(2*r)
        end_fill()
    done()
```

当函数调用语句为 heart (100) 时，运行结果如图 2-3 所示；当函数调用语句为 heart (100, 0) 时，运行结果如图 2-4 所示。

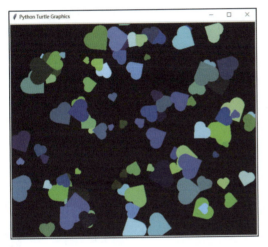

图 2-3 百颗 r 为 1 的爱心

图 2-4 百颗 r 为 0 的爱心

【问题 2-21】 在例 2-7 中，调用 heart( ) 函数时，哪个是位置参数？哪个是默认参数？

【问题 2-22】 需要怎样才能设定默认参数？

【问题 2-23】 函数调用时能否写成 heart(r=0.5,n=99) 呢？它的结果会怎样？

【问题 2-24】 函数调用时能否写成 heart(r=0.5) 呢？它的结果会怎样？

【问题 2-25】 函数定义代码如下，有关函数调用及返回结果的叙述中，正确的是（ ）。

```
def demo(str, n=2):
    str_tmp = ""
    for c in str[::n]:
        str_tmp = str_tmp + c
    return str_tmp
```

A. demo(" 请党放心，强国有我 ") 的值为 ' 请放，国我 '
B. demo(" 请党放心，强国有我 ", 2) 的值为 ' 党心强有 '
C. demo( ) 的值为 None
D. demo(" 请党放心，强国有我 ", 2) 的值为 ' 党心国我 '

"在本单元中，我们掌握了更多有趣的标准函数，学会了函数的定义，能够在生活的实际问题中自己动手编制函数，还学会了在定义函数的时候设置必选参数、默认参数以及会调用自己编制的函数。

在后续的课程中，我们还将进一步熟练掌握函数，获得用函数分而治之的能力！"

习　题

1. 下列关于 Python 代码复用和程序抽象的叙述中，正确的是（ ）。

A. 代码复用增加了编程的复杂度
B. 对程序功能进行分解和抽象，不利于大型应用程序的实现
C. 函数的使用不利于程序中的代码复用
D. 代码复用和程序抽象是现代编程技术的主要理念之一

2. 下列关于 Python 函数的叙述中，正确的是（　　）。
A. 用户自定义函数内部不可以调用其他自定义函数
B. 用户自定义函数中不能定义新的函数
C. 定义函数时的参数称为形参，调用时的参数称为实参
D. 用户自定义函数中没有 return 语句时，函数无返回值

3. 下列关于 Python 函数的叙述中，正确的是（　　）。
A. 用户自定义函数可以写在调用该函数的代码之后
B. 用户自定义函数可以没有形参，但不能省略函数名后的圆括号
C. 用户自定义函数名可以和 Python 关键字重名
D. 用户自定义函数可以使用 define 关键字定义函数

4. 下列关于 Python 函数的叙述中，正确的是（　　）。
A. return 是 Python 中重要的内置函数，用于自定义函数返回值
B. 用户自定义函数可以使用 function 关键字
C. 定义函数时的参数称为实参，调用时的参数称为形参
D. 用户自定义函数中没有 return 语句时，函数的返回值为 None

5. 函数定义代码如下，有关函数调用及返回结果的叙述中，正确的是（　　）。

```
def demo(a,b):
    c = a + b
    return c
```

A. demo(4,5) 的返回值为 45
B. demo('4','5') 的返回值为 '45'
C. demo(4,5) 的返回值为 '9'
D. demo('4','5') 的返回值为 '9'

6. 函数定义代码如下，有关函数调用及返回结果的叙述中，正确的是（   ）。

```
def demo(str_t, n=2):
    str_tmp = ""
    for c in str_t[::n]:
        str_tmp = str_tmp + c
    return str_tmp
```

A. demo ("0123456789") 的返回值为 '0123456789'
B. demo ("0123456789", 2) 的返回值为 '13579'
C. demo( ) 的返回值为 None
D. demo ("0123456789", 3) 的返回值为 '0369'

7. 函数定义代码如下，有关函数调用及返回结果的叙述中，正确的是（   ）。

```
def demo(str_t, n=1):
    str_tmp = ""
    for c in str_t[1::n]:
        str_tmp = str_tmp + c
    return str_tmp
```

A. demo ("0123456789") 的返回值为 '0123456789'
B. demo ("0123456789", 2) 的返回值为 '13579'
C. demo ("0123456789", 11) 的返回值为 None
D. demo ("0123456789", 3) 的返回值为 '0369'

8. 对下列代码中变量的类型及值的叙述，正确的是（   ）。

```
a = eval("5 + 5")
b = 5.0
c = eval("b") * 5
d = abs(b * -b)
```

A. 变量 a 的数据类型为字符串型
B. 变量 d 的值为 25

C. 变量 c 的值为 'bbbbb'
D. 变量 b 和 d 的数据都是浮点型

9. 运行下列代码，输出的结果是（　　）。

```
t01 = tuple("12311234556")
s01 = set(t01)
print(len(t01))
print(len(s01))
print(4 in s01)
```

A.	B.	C.	D.
11	11	1	1
6	6	11	6
False	True	True	True

10. 下列关于 Python 函数运算结果的叙述中，不正确的是（　　）。

　　A. chr (ord ('a')) 的值为 'a'
　　B. ord(chr (97)) 的值为 97
　　C. abs (−5 * −5) 的值为 25
　　D. eval ('3 + 3') 的值类型为 str

11. 运行下列代码，输出结果是（　　）。

```
li01 = [3, 5, 2, 7, 1, 9, 2]
li02 = sorted(li01,reverse=True)
sorted(li02)
print(li01)
print(li02)
```

　　A.
[3, 5, 2, 7, 1, 9, 2]
[1, 2, 2, 3, 5, 7, 9]
　　B.
[9, 7, 5, 3, 2, 2, 1]

[1, 2, 2, 3, 5, 7, 9]

C.

[3, 5, 2, 7, 1, 9, 2]

[9, 7, 5, 3, 2, 2, 1]

D.

[1, 2, 2, 3, 5, 7, 9]

[1, 2, 2, 3, 5, 7, 9]

12. 运行下列代码，输出结果是（　　）。

```
li01 = [3, 5, 2, 7, 1, 9, 2]
li02 = sorted(li01)
sorted(li01, reverse=True)
print(li01)
print(li02)
```

A.

[3, 5, 2, 7, 1, 9, 2]

[1, 2, 2, 3, 5, 7, 9]

B.

[9, 7, 5, 3, 2, 2, 1]

[1, 2, 2, 3, 5, 7, 9]

C.

[3, 5, 2, 7, 1, 9, 2]

[9, 7, 5, 3, 2, 2, 1]

D.

[1, 2, 2, 3, 5, 7, 9]

[1, 2, 2, 3, 5, 7, 9]

13. 运行下列代码，输出结果是（　　）。

```
s = "10, -11, 12, -13, 14, -15"
nums = s.split(",")
summary = 0
for v in nums:
```

```
        summary = summary + abs(int(v))
print(v)
print(summary)
```

A.	B.	C.	D.
15	-15	-15	-15
75	-3	75	3

14. 编写程序实现求解素数（质数）问题，要求如下。

（1）使用 int(input()) 接收用户输入的一个整数型数据（要求大于2）。

（2）求解并输出2到这个整数（含）间所有的素数（质数）。

（3）按由小到大的顺序将找到的每个素数（质数）输出，输出时每个素数（质数）占一行。

说明：

（1）素数（质数）是指在大于1的自然数中，除了1和它本身以外不再有其他因数的自然数。

（2）input()函数中不要增加任何提示用参数。

（3）输出结果不要使用任何空格等字符修饰。

样例：

输入：

```
10
```

输出：

```
2
3
5
7
```

大家一定听过一个如图 3-1 所示这样的故事：从前有座山，山上有座庙，庙里有个老和尚，老和尚在给小和尚讲故事，讲的是什么呢？从前……然后一直这样不断讲下去。我们发现：在故事中，不断提到了同样的故事。

就像一个人站在装满镜子的房间中，看到的影像就是递归的结果。

图 3-1　递归的故事

生活中很多事物拥有一种奇特的结构，就是在一个结构中，蕴含着一个与自身相似的另一个的结构，如此往复，如常见的花菜、雷雨过后的闪电、漫天飞舞的雪花、贝壳身上的螺旋图案。小至各种植物的结构及形态，遍布人体全身纵横交错的血管，大到天空中聚散不定的白云、连绵起伏的群山。递归贯穿于各种文化，贯穿于科学、数学和艺术之中，如图 3-2 所示。

图 3-2　生活中的递归结构

快来学习神奇的递归，它能够以非常简洁的逻辑解决重要的问题！

3.1　什么是递归

一个事物由这个事物本身所构建，那么在理解这个事物的时候，就需要先理解事物的构成，于是就回到理解这个事物本身，从而再次需要理解这个事物的构成……这个不断循环理解的过程就形成了递归。

Python 中的函数作为一种代码封装,可以被其他程序调用,当然,也可以被自身函数内部的代码所调用。这种函数定义中调用函数自身的方式称为递归。

"老师,一个函数可以调用另一个函数,那么函数能够调用自己本身吗?"

"可以的,函数自己调用自己,就形成了递归。"

"老师,您能给我举个递归的例子吗?"

"嗯,我们通过汉诺塔游戏,来感受递归的强大吧!"

汉诺塔(Tower of Hanoi)来源于古印度的传说。在印度北部贝拿勒斯的圣庙里,一块黄铜板上插着三根宝石针,在其中一根针上从下到上地穿好了由大到小的 64 片金片,这就是所谓的汉诺塔。不论白天黑夜,总有一个僧侣在按照下面的法则移动这些金片:一次只移动一片,不管在哪根针上,小片必须在大片上面,如图 3-3 所示。

图 3-3　汉诺塔游戏及规则

第 3 单元 函数的递归

那么多盘子，移动的过程真的非常复杂！经计算，64 片金片从穿好的那根针上完全移动到另一根针上，需要移动 18 446 744 073 709 551 615 次，就算每秒移动一次，完成也需要 5845.54 亿年以上。但是这么复杂的问题，用递归完成起来却非常简洁，十几行代码就足够啦！

"老师，能不能讲个简单的例子，让我感受一下递归呢？"

【例 3-1】 求 1~n 的和。

数学上有一个经典的递归例子叫求 1~n 的和：

$$f(n)=1+2+3+\cdots+n$$

为了实现这个程序，可以通过一个简单的循环求和去计算。实际上，1~n 的累加和也可以给出另一种表达式：

$$f(n)=f(n-1)+n$$

"这个函数这样写有什么问题？"

"$f(1)=f(0)+1$，$f(0)=f(-1)+0$，…如果一直这样根本没办法得到正确答案。"

递归函数需要有边界：即什么时候递归可以停止。例如，设当 n==0 时，f(0)=0，这样递归就可以停止。如果缺少递归的边界，则会出现如图 3-4 所示的错误。

```
def f(n):
    return n + f(n-1)
s = f(10)
print("1到10的和为:{}".format(s))
```

```
    return n + f(n-1)
[Previous line repeated 996 more times]
RecursionError: maximum recursion depth exceeded
```

图 3-4　递归错误

重新修改程序，加入边界后的程序如下。

```
def f(n):
    if n>0:
        return n + f(n-1)
    else:
        return 0
s = f(10)
print("1到10的和为:{}".format(s))
```

通过这个例子，可以总结出递归的两个关键特征。

（1）递归函数存在一个或多个边界条件，满足边界不需要再次递归。

（2）所有递归链要以一个或多个边界条件结尾。

【问题 3-1】　递归函数如果没有边界条件，会出现什么？

【问题 3-2】　递归函数的代码复杂吗？

【问题 3-3】　下列关于递归函数的叙述中，正确的是（　　）。

A. 函数间接地调用自身实现的也是递归

B. 递归函数包含一个循环结构
C. 递归函数不用边界条件也能正确实现
D. 递归函数代码复杂，难以实现

3.2 简单的递归实现

"小萌，你在想什么呢？"

"嗯…，我在想，既然自然界普遍存在递归现象，那么递归是否可以帮助我们解决生活中遇到的问题呢？……"

【例3-2】 有趣的兔子问题（见图3-5）。

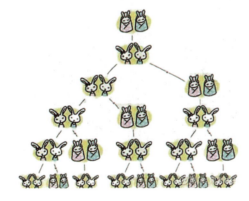

图3-5 兔子问题

有个人想知道，一年之内一对兔子能繁殖多少对？于是就筑了一道围墙把一对兔子关在里面。已知一对兔子每个月可以生一对小兔子，而一对兔子从出生后第3个月起每月生一对小兔子。假如一年内没有发生死亡现象，那么，一对兔子一年内（12个月）能繁殖成多少对？（兔子的规律为数列：1，1，2，3，5，8，13，21，…）

其实这就是斐波那契数列：一个数列当前项等于前两项之和。斐波那契数列（Fibonacci sequence），又称黄金分割数列，因数学家莱昂纳多·斐波那契（Leonardo Fibonacci）以兔子繁殖为例子而引入，故又称为"兔子数列"。

现在我们来帮帮小萌和小帅，利用递归完成斐波那契数列吧！

```python
def fib(n):
    if n in [1,2]:
        return 1
    else:
        return fib(n-1)+fib(n-2)
n = eval(input("请输入你要查询的月份："))
print("{}个月兔子有{}对".format(n,fib(n)))
```

斐波那契数列在自然科学的其他分支有许多应用。例如，树木的生长，由于新生的枝条，往往需要一段"休息"时间，供自身生长，而后才能萌发新枝，所以，一株树苗在一段间隔（例如一年）以后长出一条新枝；第二年新枝"休息"，老枝依旧萌发；此后，老枝与"休息"过一年的枝同时萌发，当年生的新枝则次年"休息"。这样，一株树木各个年份的枝丫数，如图3-6所示，便构成斐波那契数列。这个规律，就是生物学上著名的"鲁德维格定律"。

图3-6 花椰菜的螺旋

另外，观察野玫瑰、大波斯菊、金凤花、百合花、蝴蝶花的花瓣，可以发现它们的花瓣数目都是斐波那契数列中的某个值：3，5，8，13，21，…

【例3-3】 斐波那契螺旋线。

斐波那契螺旋线也称为"黄金螺旋线"，是根据斐波那契数列画出来的螺旋曲线，这种形状在自然界中无处不在。该原理和黄金比例紧密相连，用后一项除以前一项，比例会越来越接近1.618∶1。常见于各种摄影构图、设计理念、建筑物当中，自然界中也有很多如贝类的螺旋轮廓线、银河漩涡等天然的"黄金螺旋",如图 3-7 和图 3-8 所示。

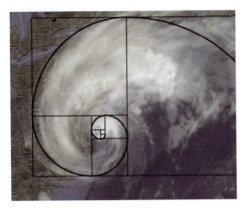

图 3-7　自然界中的斐波那契螺旋线　　　图 3-8　建筑中的斐波那契螺旋线

可以将斐波那契螺旋线抽象成如图 3-9 所示的原理图。

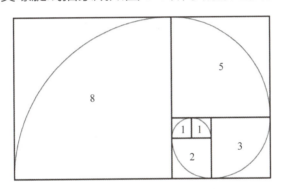

图 3-9　斐波那契螺旋线原理图

如何通过 Python 来绘制斐波那契的图形和螺旋线呢?下面的规律是编程实现的关键所在。

(1)正方形的边长是逐渐增加的斐波那契数列。

(2)螺旋线由诸多四分之一圆弧构成,圆弧的半径仍是斐波那契数列,且圆弧的绘制起点与正方形绘制起点相同,在绘制一个正方形后,会回到该正方形的起点和方向,再绘制四分之一圆弧,圆弧绘制后的终点正好是下一个正方形的起点。

将各个正方形和圆弧连接起来,即可完成斐波那契数列的图形和螺旋线。根据分析完成下面的程序:

```
from turtle import *
from random import *
def draw_f(n):
```

```
    for i in range(4):
        fd(n*10)
        left(90)
    circle(n*10,90)
def fib(n):
    if n==1 or n==2:
        return 1
    else:
        return fib(n-1)+fib(n-2)
n = int(input("请输入斐波那契项数n(n>=1):"))
hideturtle()
speed(0)
pencolor('black')
pensize(2)
for i in range(1,n+1):
    n = fib(i)
    r,g,b = random(),random(),random()
    fillcolor(r,g,b)
    begin_fill()
    draw_f(n)
    end_fill()
done()
```

运行结果如图3-10所示。

图3-10 斐波那契数列的图形和螺旋线

【问题3-4】 如果将例3-3程序中的语句:"for i in range(1,n+1)",写成"for i in range(n)"行不行?为什么?

【问题3-5】 使用递归完成输入一个整数n,求n阶乘的功能。请在程序的横线上填写适当的语句,实现该功能。

```
def jc(n):
    if n in [0,1]:
        return 1
    else:
        _____
n = eval(input("请输入一个大于或等于0的整数:"))
print("{}的阶乘值为{}".format(n,jc(n)))
```

A. n*jc(n-1)

B. return n!

C. return n*jc(n-1)

D. return n*(n-1)

"在本单元中,我们掌握了递归的使用方法,能够在生活的实际问题中使用递归解决问题,并绘制了美丽的黄金图形和黄金螺旋线。

在后续的课程中,我们还将进一步发现问题,使用递归来解决问题、利用递归来解决很复杂的事,会变得容易很多。"

习 题

1. 下列关于递归函数的叙述中，正确的是（　　）。
   A. 递归函数应该有边界条件以保证函数正确性
   B. 递归函数必须用函数名作为返回值
   C. 递归函数的实现通常比非递归函数复杂
   D. 递归函数中必须包含循环结构

2. 下列关于递归函数的叙述中，正确的是（　　）。
   A. 递归函数的边界条件只能有一个
   B. 递归函数的运行效率比较高
   C. 递归函数的边界条件决定递归调用的深度
   D. 递归函数在时间上消耗大，对计算机内存消耗小

3. 下列关于递归函数的叙述中，正确的是（　　）。
   A. 递归函数的本质是通过自己直接或间接地调用自身实现的
   B. 递归函数占用计算机内存资源较少
   C. 递归函数无须边界条件也能正确实现
   D. 递归函数思路简单，代码复杂难实现

4. 下列关于递归函数的叙述中，不正确的是（　　）。
   A. 递归函数都可以用非递归的方法实现
   B. 递归函数使用不当容易导致程序发生内存溢出错误
   C. 递归函数边界条件可以有一个或多个
   D. 递归函数的返回值必须是函数名

5. 下列关于递归函数的叙述中，不正确的是（　　）。
   A. 正确的递归函数必须有边界条件
   B. 递归函数使用不当容易导致程序发生内存溢出错误
   C. 递归函数一般比非递归实现需要更多的代码
   D. 递归函数的边界条件可以有一个或多个

6. 函数定义代码如下,有关函数调用及返回结果的叙述,正确的是( )。

```
def demo(n):
    if n <= 0:
        return 1
    elif n in (3,5):
        return 8
    else:
        return n+demo(n-3)
```

A. demo(8)的返回值为 18
B. demo(6)的返回值为 16
C. demo(5)的返回值为 8
D. demo(4)的返回值为 5

7. 函数定义代码如下,有关函数调用及返回结果的叙述,正确的是( )。

```
def demo(n):
    if n in (1,3,5):
        return 3
    elif n in (2,4,6):
        return 4
    else:
        return n + demo(n-2)
```

A. demo(10)的返回值为 21
B. demo(9)的返回值为 19
C. demo(8)的返回值为 11
D. demo(7)的返回值为 8

8. 函数定义代码如下,有关函数调用及返回结果的叙述,正确的是( )。

```
def demo(n):
    if n in (1, 4):
        return 3
    elif n in (2, 3):
```

```
            return 4
        else:
            return n + demo(n-2)
```

A. demo(10)的返回值为 28
B. demo(9)的返回值为 24
C. demo(8)的返回值为 17
D. demo(7)的返回值为 15

9. 函数定义代码如下,有关函数调用及返回结果的叙述,正确的是（　　）。

```
def demo(n):
    if n in (1, 5):
        return 3
    elif n in (2,6):
        return 4
    else:
        return n + demo(n-3)
```

A. demo(10)的返回值为 24
B. demo(9)的返回值为 15
C. demo(8)的返回值为 12
D. demo(7)的返回值为 16

10. 函数定义代码如下,有关函数调用及返回结果的叙述,正确的是（　　）。

```
def demo(n):
    if n < 3:
        return 5
    elif n in (2, 5, 6):
        return 7
    else:
        return n + demo(n-1)
```

A. demo(8)的返回值为 21

B. demo（6）的返回值为 5
C. demo（4）的返回值为 12
D. demo（2）的返回值为 7

11. 使用自定义函数实现求解数字序列中指定位置的值的功能。

有一个数字序列：1, 2, 2, 4, 8, 32, 256, 8192, 2 097 152, …, 其第 1 项和第 2 项的值分别为 1 和 2, 从第 3 项开始, 每一项的值都是其前两项数值的乘积。例如, 第 6 项的值为第 4 项的值 4 和第 5 项的值 8 的乘积, 即 32。

具体要求如下。

（1）函数名称为：mu2。

（2）mu2 函数有 1 个参数, 该参数为自然数, 参数名称不限。

（3）mu2 函数有 1 个返回值, 该返回值为非负整数, 返回值为数字序列中函数参数对应项的数值。

函数调用举例说明：

mu2(6) 的返回值为 32。

12. 使用自定义函数实现求解如下问题。

有一人带着苹果外出售卖, 每经过一个村庄, 卖出手边苹果的一半加一个。他经过了 m 个村子后, 手里还剩余 2 个苹果, 求解出发时, 他一共带了多少个苹果。

例如, 他经过了 3 个村庄, 还剩余 2 个苹果, 那么他出发时, 带的苹果个数为 30 个。

具体要求如下。

（1）函数名称为：apple。

（2）apple 函数有 1 个参数, 为自然数, 参数名称不限, 代表经过的村庄个数。

（3）apple 函数有 1 个返回值, 为非负整数。该返回值为商人刚出门时携带的苹果个数。

函数调用举例说明：

apple(3) 的返回值为 30。

13. 使用自定义函数实现如下功能。

有一个数字序列：1, 2, 3, 4, 4, 6, 7, 10, 11, 16, 18, 26, …。其第 1, 2, 3, 4 项的值分别为 1, 2, 3, 4, 从第 5 项开始, 每一项的值都是其左侧隔位第

2个和第4个数据的和。例如,第5项的值为第3项的值3和第1项的值1的和,即4;第6项的值为第4项的值4和第2项的值2的和,即6。

具体要求如下。

(1)函数名称为:add2。

(2)add2函数有1个参数,为自然数,参数名称不限。

(3)add2函数有1个返回值,为非负整数。该返回值表示数字序列中函数参数对应项的值。

函数调用举例说明:

add2(8)的返回值为10。

还记得会画图的小海龟吗？它有一个宝箱 turtle，宝箱里的工具能帮助小海龟画出漂亮的图形。在 Python 中，类似 turtle 这样的宝箱还有很多，它们叫作标准库。每个标准库中都有一类定义好的函数，引入标准库就可以直接使用，省去了很多编写重复代码的工作。

"我和计算机玩猜数游戏，我都猜不对。"

"我也猜不对，我都试了好多次了。"

"小萌，小帅，这就是随机数呀。预先不知道是哪个数，但是又有一个范围。"

4.1 变幻莫测的 random 库

随机数在计算机中有很重要的应用。Python 里有一个 random 库，里面就有很多的随机函数，可以满足我们的各种要求，产生各种各样的随机数。

"有了这些函数，就可以让我们的程序变得神秘莫测。"

主要的随机函数基本操作如下。

```
>>> from random import *     # 引入标准库 random
>>> random()                 # 生成一个 [0.0, 1.0) 中的随机小数
0.10909998191881587
>>> random()
0.10494956615934103
```

```
>>> uniform(2,4)          # 生成一个 [2，4] 中的随机小数
3.18704775853482
>>> uniform(2,4)          # 再次执行，得到的结果与上次不同
3.9859916778021827
>>> randrange(0,30,3)     # 生成 [0,30) 中以 3 为间隔的整数中的一个
>>> randint(3,10)         # 生成一个 [3,10] 中的整数
5
```

其中，函数 randrange(0,30,3) 的意思是生成一个 [0,30) 中以 3 为间隔的整数中的一个。这样的数有 0，3，6，9，12，15，18，21，24，27。在这几个数中随机产生一个。

【例 4-1】 输入一个数，让计算机来猜，看看它要几次能猜对。

```
from random import *
n=input('老师：小萌，小帅你们想好一个 1~20 的整数，不要告诉计算机，但是悄悄告诉我是多少：')
num=int(n)
while num<1 or num>20:     # 控制输入的数据在规定的范围内
    n=input('老师：不要捣乱哦！重新说一个：')
    num=int(n)
print('老师：我们现在让计算机来猜，看看需要猜几次')
guess=randint(1,20)          # 产生一个 1~20 的随机数，作为计算机猜的数
time=1
while guess!=num:
    time=time+1
    print('计算机:{}\n 小萌：猜错了，再猜！ '.format(guess))
    guess=randint(1,20)
else:
    print('计算机：{}\n 小帅：猜对了,猜了{}次'.format(guess,time))
```

运行结果：

老师：小萌，小帅你们想好一个 1~20 的整数，不要告诉计算机，但是悄悄告诉我是多少：27
老师：不要捣乱哦！重新说一个：12

老师：我们现在让计算机来猜，看看需要猜几次

计算机：6

小萌：猜错了，再猜！

计算机：8

小萌：猜错了，再猜！

计算机：12

小帅：猜对了，猜了 3 次

【问题 4-1】 再一次运行这个程序，还是给相同的数，计算机猜测的次数和这次一样吗？每次猜的数也一样吗？

随机的含义，大家都理解了吧？再看下面的例子。

【例 4-2】 用随机选取的颜色画图。

```
import turtle as t
import random as r
col=['red','blue','green','yellow','orange','grey','purple',
     'brown']
t.pensize(3)
for i in range(0,8):          # 按颜色列表的最初顺序取颜色画图
    t.pencolor(col[i])
    t.fd(30)
    t.left(45)
r.shuffle(col)                # 将颜色列表中的各颜色随机排列
t.penup()
t.fd(100)
t.pendown()
for i in range(0,8):          # 从随机排列的颜色列表中取颜色画图
    t.pencolor(col[i])
    t.fd(30)
    t.left(45)
```

```
t.penup()
t.goto(0,-100)
t.pendown()
pencil=r.sample(col,3)        # 从颜色列表中随机抽取 3 个颜色
for i in range (0,3):         # 从新的颜色列表中取色画三角形
    t.pencolor(r.choice(pencil))
    t.fd(40)
    t.left(120)
t.penup()
t.fd(100)
t.pendown()
pencil=r.sample(col,3)        # 再次从颜色列表中随机抽取 3 个颜色
for i in range (0,3):
    t.pencolor(r.choice(pencil))
    t.fd(40)
    t.left(120)
```

运行结果如图 4-1 所示。

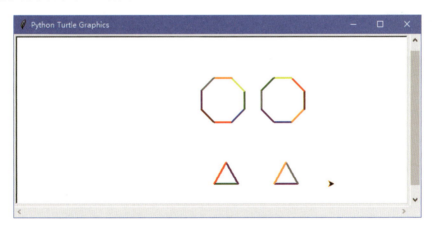

图 4-1 随机颜色的绘图结果

从运行结果的对比可以看出，同样的随机函数运行两次，得到的结果是不一样的。这也说明了"随机"的意思。

random 库中有这样一个函数 seed( )，称为随机数种子。它根据给不同的参数来产生随机数序列。当给的参数相同时，可以产生相同的随机数序列。该函数可以用来同步数据。操作演示如下。

```
>>> from random import *
>>> seed(5)
>>> randint(1,10),randint(1,10),randint(1,10)
(10, 5, 6)
>>> seed(9)
>>> randint(1,10),randint(1,10),randint(1,10)
(8, 10, 6)
>>> seed(5)
>>> randint(1,10),randint(1,10),randint(1,10)
(10, 5, 6)
>>> seed(9)
>>> randint(1,10),randint(1,10),randint(1,10)
(8, 10, 6)
```

从这段演示代码可以看出，给 seed( ) 相同的参数，得到的随机数是相同的。这也是随机数的一种应用。

【问题 4-2】 运行代码 import random 后，下列叙述正确的是（　　）。
A. random. randint (0, 10) 返回一个 0~10（包含 0 但不包含 10）的随机整数
B. random. choice (1, 10) 返回一个 1~10（包含 1 和 10）的随机整数
C. random. random ( ) 返回一个 0~1（包含 0 但不包含 1）的随机小数
D. random. randrange (0, 10) 返回一个 0~10（包含 0 和 10）的随机整数

4.2　时间在这里——time 库

time 库是 Python 中处理时间的标准库，提供了各种与时间相关的函数。

time( ) 函数：这个函数没有参数，作用是获取计算机当前的内部时间，称为"时间戳"。其操作演示如下。

```
>>> import time
>>> current=time.time()
>>> print(current)
```

运行结果为：

1641709428.0626228

"注意：显示时间的单位是秒，指从1970年1月1日00:00:00开始到当前所经过的总的秒数。"

"这个时间看不懂呀。怎么能够获得看得懂的时间呢？"

localtime()函数：这个函数的参数是time()函数取出的结果，能把时间戳格式化。若没有提供参数，默认使用函数time()的结果。操作演示如下。

```
>>> import time
>>> current=time.time()
>>> now=time.localtime(current)
>>> print(now)
```

运行结果为：

time.struct_time(tm_year=2022, tm_mon=1, tm_mday=9, tm_hour=14, tm_min=37, tm_sec=43, tm_wday=6, tm_yday=9, tm_isdst=0)

说明：tm_year 代表年份，tm_mon 代表月份，tm_mday 代表日期，tm_hour 代表小时，tm_min 代表分钟，tim_sec 代表秒数，tm_wday 代表星期数，0 代表星期一，后面依次递增，tm_yday 代表这是一年中的第几天，tm_isdst 代表是否为夏令时，0 代表不是，正数代表是，负数代表不清楚情况。

"好详细,从年份到秒数都有。"

"可是这也不容易识别呀,可不可以用自己规定的格式来显示时间呢?"

strftime()函数:这个函数可以帮助我们把时间转换为指定的格式。其操作演示如下。

```
>>> import time
>>> current=time.localtime(time.time())
>>> day_time=time.strftime('%Y年%m月%d日,星期%w,%H时%M分%S秒')
>>> print(day_time)
2022年06月20日,星期一,22时29分14秒
```

"输出格式里的%Y,%m,还有%d等,这些符号分别代表什么意思?"

"我们一起来看看下面的表,你们就清楚了。"

strftime()函数会通过格式化字符串精确表达时间的不同部分。不同的控制字符在格式化字符串中代表不同的含义。控制字符的含义如表4-1所示。

表4-1 格式化字符串中控制字符的含义

控制字符	说 明
%Y	表示带世纪的年份数,如2022年
%y	表示不带世纪的年份数,如22年
%m	表示月份数,介于01~12,如01月
%d	表示日期数,介于01~31,如01日
%j	表示一年中的第几天,介于001~366
%H	表示24小时制的小时数,介于00~23,如15时
%I	表示12小时制的小时数,介于01~12

续表

控制字符	说明
%M	表示分钟数，介于 00~59
%S	表示秒数，介于 00~59
%p	加上该控制字符，会显示 AM 或 PM
%W	表示一年中的第几周，介于 00~53。星期一作为一周的第一天
%w	表示星期数，介于 0~6，0 表示星期日
%X	本地相应的时间表示
%x	本地相应的日期表示

【例 4-3】 让程序"睡"一会儿。

```
import turtle as t
import time as ti
t.hideturtle()
t.pencolor('red')
t.write('3',font=(' 楷体 ',80,'bold'))
ti.sleep(1)          # 程序运行到这里暂停 1 秒
t.undo()             # 撤销上一步操作
t.write('2',font=(' 楷体 ',80,'bold'))
ti.sleep(1)
t.undo()
t.write('1',font=(' 楷体 ',80,'bold'))
ti.sleep(1)
t.undo()
t.write(' 开 始 ',font=(' 楷体 ',100,'bold'))
```

运行结果的动态过程如图 4-2 所示。

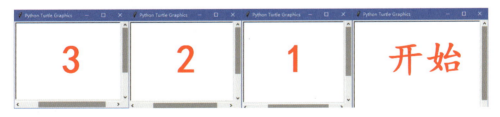

图 4-2　带有暂停功能的程序运行结果

说明：这段代码用了 sleep( ) 函数来实现倒计时的功能，每个数字出现后在屏幕上停留一秒再出现下一个数字。

turtle 库的 undo( ) 函数，作用是撤销前一步操作。在程序中的作用就是把刚才出现的数字撤销，接着出现下一个数字，再加上 sleep( ) 函数，可以出现倒计时的动态效果。

【问题 4-3】 下列关于引入 time 库的代码，不正确的是（   ）。

A. import time
B. from time import time
C. import time as t
D. import * from time

"提问：$\sqrt{6}$ 是多少？"

"8！等于几？"

"送你们一件宝贝：math 库。"

4.3 小小数学家——math 库

有了 math 库，就可以解决很多数学上的计算问题，直接使用函数就可以得到计算结果。

【例 4-4】 数学函数基本应用。

```
import math as m
import random as r
```

```
n=r.uniform(3,5)
u=m.ceil(n)
d=m.floor(n)
print('产生的随机小数是{:.2f},向上取整为{},向下取整为{}'.format(n,u,d))
```

运行结果:

产生的随机小数是4.79,向上取整为5,向下取整为4

"小窍门:ceiling是天花板,向上看;floor是地板,向下看。"

【例4-5】 数学函数综合应用。

```
import math as m
import time as ti
print('老师:在数轴上,一个数距离原点0的距离就是绝对值。')
n=eval(input('老师:现在测试一下吧,我说一个数,你们来说它的绝对值:'))
t=m.fabs(n)
print('小萌:{}的绝对值是{}'.format(n,t))
ti.sleep(1)
print('老师:幂运算是乘方运算,a的b次方也叫a的b次幂。')
a,b=eval(input('小萌:小帅,你来计算我说的幂:'))
t=m.pow(a,b)
print('小帅:简单。{}的{}次方是{}'.format(a,b,t))
ti.sleep(1)
n=int(input('老师:我们学过阶乘,请大家说出阶乘的计算过程,并计算这个数的阶乘:'))
t=m.factorial(n)
print('小帅:{}!={}*({}-1)*({}-2)*...*1'.format(n,n,n,n))
print('小萌:结果是:{}'.format(t))
ti.sleep(1)
print('老师:用自己的话说一下平方根的意思,并举个例子。')
```

```
n=eval(input('小萌：如果a*a=b，那么a就是b的平方根。比如：'))
t=m.sqrt(n)
print('小萌：{}的平方根是{}'.format(n,t))
ti.sleep(1)
print('老师：小萌小帅，现在我们回顾最后一个知识点——最大公约数。')
print('小帅：我们学过用短除法来解决。')
a,b=eval(input('老师：好，那么请你们求出下面这两个数的最大公约数：'))
t=m.gcd(a,b)
print('小萌小帅：{}和{}的最大公约数是{}'.format(a,b,t))
```

运行结果：

老师：在数轴上，一个数距离原点0的距离就是绝对值。
老师：现在测试一下吧，我说一个数，你们来说它的绝对值：-7
小萌：-7的绝对值是7.0
老师：幂运算是乘方运算，a的b次方也叫a的b次幂。
小萌：小帅，你来计算我说的幂：3.2,3
小帅：简单。3.2的3次方是32.76800000000001
老师：我们学过阶乘，请大家说出阶乘的计算过程，并计算这个数的阶乘：8
小帅：8！=8*(8-1)*(8-2)*...*1
小萌：结果是：40320
老师：用自己的话说一下平方根的意思，并举个例子。
小萌：如果a*a=b，那么a就是b的平方根。比如：9
小萌：9的平方根是3.0
老师：小萌小帅，现在我们回顾最后一个知识点——最大公约数。
小帅：我们学过用短除法来解决。
老师：好，那么请你们求出下面这两个数的最大公约数：39,15
小萌小帅：39和15的最大公约数是3

【例4-6】 角度与弧度相互转换。

```
import math as m
import time as ti
x=eval(input('输入一个角度：'))
y=eval(input('输入一个弧度：'))
print('-------转换器启动-------')
```

```
x1=m.radians(x)
y1=m.degrees(y)
ti.sleep(2)
print('------- 转换结果 -------')
print(' 角度{}转换为弧度是{}，弧度{}转换为角度是{}'.\
format(x,x1,y,y1))
```

运行结果：

输入一个角度：60
输入一个弧度：3.15
------- 转换器启动 -------
------- 转换结果 -------
角度60转换为弧度是1.0471975511965976，弧度3.15转换为角度是180.48170546620932

说明：在数学中，度量角有两种单位：角度和弧度。角度用量角器可以量出来，范围为0°~360°。弧度和弧长（圆的周长）有关。具体的计算公式是：弧度 = 弧长 / 半径。例如，假设圆半径为r，那么一个圆周的弧长就是周长2πr，一个圆周的弧度为2πr/r，结果为2π。由此，可以计算任意弧度。

【问题4-4】 同学们，用这些数学函数能解决哪些平时遇到的数学问题呢？

"本单元基于之前学习的turtle标准库，进一步学习了Python的其他三个标准库：random、time和math。标准库的引入方法和其中函数的使用方法是一样的。在深入学习Python编程的过程中，我们还会使用很多标准库，不用担心，它们的引入方法与本单元学习的引入方法都是一样的。

标准库就像一个编程的百宝箱，里面的神奇宝贝有很多，拥有它们，我们将轻轻松松编出功能强大的程序！"

习 题

1. 运行 import time 代码后，下列叙述正确的是（ ）。
   A. 使用代码段运行前后的 time.time() 值的差，可以描述这段代码的运行时间
   B. time.sleep(100) 可以让程序暂停 100 ms
   C. time.time() 用于获取自 1900 年 1 月 1 日到当前时间所经历的秒数
   D. time 库的 localtime 方法可以按指定控制日期时间的样式输出

2. 下列有关 random 库中方法的叙述，不正确的是（ ）。
   A. seed(v) 方法用于初始化随机数种子为 v，默认为当前系统时间
   B. randrange(m,n,k) 方法用于生成一个介于 m（含）~ n（含）步长为 k 的随机整数
   C. choice(v) 方法的参数 v 必须为非空序列类数据，用于随机返回 v 中的一个值
   D. shuffle(v) 方法的参数 v 必须为支持原地排序的序列，功能为将 v 中的元素随机乱序

3. 运行 import random 语句后，下列叙述不正确的是（ ）。
   A. random.randint (0, 100) 返回一个 0（含）~100（含）的随机整数
   B. random.randrange (0, 101, 1) 返回一个 0（含）~100（含）的随机整数
   C. int (random.random( )*100) 返回一个 0（含）~100（含）的随机整数
   D. random. choice(range (101)) 返回一个 0（含）~100（含）的随机整数

4. 运行下面的代码，得到的结果是（ ）。

```
from math import *
```

```
print(ceil(pi))
print(floor(pi))
```

A. 3 B. 4 C. 3.14 D. 3.2
   4   3   3.1   3.1

5. 修改并调试已提供的代码，使其正确运行并完成如下功能。

（1）引入 random 库。

（2）使用 int(input()) 接收用户输入的一个整型数据。

（3）将用户输入的整型数据作为 random 库的 seed() 方法的参数，设定随机数种子。

（4）使用 random 库的 randint() 方法依次随机生成 20 个介于 100（含）~1000（含）的整数。

（5）输出这 20 个随机数的和。

说明：

（1）整个程序运行期间，random 库的 randint() 方法执行次数应为 20 次，不应多于或少于该次数。

（2）请勿修改并调整原有代码内容和顺序。

样例：

输入：

```
30
```

输出：

```
9936
```

请在已有代码的基础上编写程序，已有代码不允许更改，已有代码如下：

```
# 在下一行引入 random 库
n = int(input())
# 在下一行使用 random 库的 seed() 方法，按题目要求初始化种子
# 在下方书写代码，完成依次生成 20 个随机整数，并输出这 20 个数的和
# 生成的随机整数范围应介于 100（含）~1000（含）
```

"老师,我刚才写好的程序,重新运行后,之前的数据就都没有了。"

"我的也是这样。每次运行程序都需要把数据重新生成一次。如果能保留前一次的运行结果就好了。"

"小萌、小帅,你们有没有想过怎么可以把上一次运行的结果保留下来,等下一次运行时可以直接拿来用?"

小萌、小帅和老师讨论的问题,在 Python 中可以用文件来处理。

5.1 什么是文件

"小萌、小帅,你们能说出计算机中的文件都有哪些吗?"

"我知道 Word 文件、文本文件。"

"我还知道音乐文件MP3,还有图片文件JPG。"

文件用来存放数据。它可以存放在硬盘上，数据永久保留；可以包含任何数据内容。用文件来组织和表达数据更灵活，也更方便。文件有两种类型：文本文件和二进制文件。两种文件的数据组织方式不同。

文本文件是指存放形式为长字符串的文件，它们的编码方式统一，如 txt 文件；二进制文件是指存放形式不能看成是字符串，都是由 0 和 1 组成的文件，没有统一的字符编码，不能展示为字符，具体的组织形式与文件的用途有关，如音乐文件 MP3、图片文件 JPG 等。

【例 5-1】输出二进制文件和文本文件。文件"祖国 .txt"的内容为"我爱我的祖国！"。

```
txtf=open('祖国.txt','rt')        # 以文本文件形式读入文件
print('----- 输出文本文件 -----')
print(txtf.readline())
txtf.close()
binf=open('祖国.txt','rb')        # 以二进制文件形式读入文件
print('----- 输出二进制文件 -----')
print(binf.readline())
binf.close()
```

运行结果为：

```
----- 输出文本文件 -----
我爱我的祖国！
----- 输出二进制文件 -----
b'\xce\xd2\xb0\xae\xce\xd2\xb5\xc4\xd7\xe6\xb9\xfa\xa3\xa1'
```

可以看到，文本文件经过编码，形成了字符串，而二进制文件由一串 0 和 1 组成，文件中的每个字符对应两个字节（16 位二进制，输出时为以 x 开头的十六进制数）。

Python 中，对文本文件和二进制文件的处理方式是一样的，包括：文件打开、文件关闭、读文件、写文件等。文件的处理流程也都一样：打开文件——操作文件——关闭文件。

【问题 5-1】　为什么程序中变量的值不能永久保留，而文件可以呢？

第 5 单元 文件

5.2 文件的打开和关闭

1. 打开和关闭文件

任何文件，都需要先打开才能进行下一步的操作，操作结束需要关闭文件。处于打开状态的文件只能由打开它的程序操作，其他程序不能操作，只有当该程序关闭后，其他程序才能打开并操作。

通过 open() 函数和 close() 函数，可以打开和关闭文件，改变文件的状态，如图 5-1 所示。

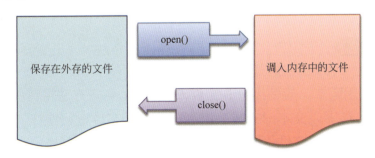

图 5-1 文件的打开和关闭操作

open() 和 close() 都是 Python 的内置函数，可以直接使用。

使用格式：

<变量名>=open(<文件名>,<打开模式>)

说明：文件名指的是需要打开的文件的名字，打开模式指的是以什么方式打开文件，即打开后文件可以做些什么操作，如表 5-1 所示。

表 5-1　文件的打开模式

打开模式	说　　明
r	默认值，只读模式，如果文件不存在，则返回异常
w	覆盖写模式，如果文件不存在就创建一个新文件，否则就完全覆盖原来的内容
x	创建写模式，文件不存在就创建新文件，否则程序报错
a	追加写模式，文件不存在就创建新文件，否则在已有文件末尾追加新内容
b	二进制文件模式，可以与 r/w/x/a 组合使用
t	默认值，文本文件模式，可以与 r/w/x/a 组合使用
+	与 r/w/x/a 组合使用，在原功能基础上同时增加读写功能

【例 5-2】 文件操作过程。

```
f=open('古诗.txt')    #打开文件，省略了"打开模式"，默认为"只读模式"
for i in f:
    print(i)
f.close()             #文件操作完后，关闭文件
```

运行结果：

人生得意须尽欢，莫使金樽空对月

【问题 5-2】　下列有关 Python 文件操作的叙述，不正确的是（　　）。
A. open 是 Python 中打开文件的内置函数
B. 文件使用完毕，应使用打开文件对象的 close() 方法将其关闭
C. Python 能够以文本形式或二进制形式打开文件进行操作
D. Python 打开的文件不能既进行读操作，又进行写操作

2. 文件的路径

"老师，'古诗.txt'这个文件在哪儿？"

"嗯，小帅说的是文件的路径问题。这在使用文件的时候很重要。"

文件的路径其实就是文件存放的位置。我们都有过找东西的经历，寻找东西关键要知道东西在哪里，知道位置，找起来就又快又准了。计算机上有很多的文件，使用时，同样需要知道文件存放的位置。文件的位置有两种表示方式：相对路径和绝对路径。

1）相对路径

上面的程序中，用 open(' 古诗 .txt') 打开文件时，使用的就是相对路径。也即要打开的文件"古诗 .txt"和打开它的程序文件"5-2.py"在同一个文件夹中。

2）绝对路径

如果要打开的文件和使用它的文件不在同一个文件夹，需要写出要打开文件的存放位置，这就是绝对路径。

在资源管理器中，文件、文件夹、绝对路径的分布如图 5-2 所示。

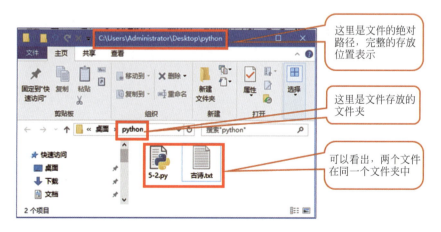

图 5-2　资源管理器中文件、文件夹、绝对路径的分布

5.3 文件的读写操作

文件的读写操作，指的是对文件的输入和输出。在前面的程序中，输入基本是从键盘或者直接在程序中指定，输出都是输出到屏幕上。文件的读写，都是从文件获取数据，再输入到文件中保存。

 1. 读文件

读文件是从文件中获取程序运行需要的数据。根据获取数据的多少，有如表 5-2 所示几种读文件的方法。

表 5-2 读文件的方法

方　　法	说　　明
f.read(size=n)	从文件中读入前 n 个长度的字符串或字节流，若没有该参数，则读入全部文件内容
f.readline(size=n)	从文件中读入一行内容，如果有参数，则读入该行前 n 个长度的字符串或字节流
f.readlines()	从文件中读入所有行，以每行为元素，形成一个列表

【例 5-3】 从《赤壁怀古》中读出内容。

```
name=input('请输入需要打开的文件：')      # 输入需要打开的文件名称
f=open(name+'.txt','r')                  # 把用户输入的文件名加上扩展名
print('----- 带参数的情况 -----')
poem=f.read(3)
print(poem)
f.seek(0)                                # 把文件指针重新定位到文件开头
print('----- 不带参数的情况 -----')
poem=f.read()
print(poem)
f.close()
```

运行结果：

请输入需要打开的文件:赤壁怀古
----- 带参数的情况 -----
大江东
----- 不带参数的情况 -----
大江东去,浪淘尽,千古风流人物。
故垒西边,人道是,三国周郎赤壁。
乱石穿空,惊涛拍岸,卷起千堆雪。
江山如画,一时多少豪杰。
遥想公瑾当年,小乔初嫁了,雄姿英发。
羽扇纶巾,谈笑间,樯橹灰飞烟灭。
故国神游,多情应笑我,早生华发。
人生如梦,一尊还酹江月。

第一次使用 f.read(3) 带了参数 3,表示读入文件中前 3 个字符,因此输出"大江东",第二次使用 f.read( ),不带参数,此时读入了整个文件的内容。

还记得小时妈妈指读（见图 5-3）绘本吗?

"妈妈的手指头就像指针,指向文件中的字符。"

 "f.seek( )就用来移动指针,移动到需要的位置。"

图 5-3 指读

说明：

f.seek(0)——把文件指针移动到文件的开头。

f.seek(1)——文件指针指向当前文件的位置。

f.seek(2)——把文件指针移动到文件末尾。

【例5-4】 读《春晓》并逐行打印。

```
name=input('请输入要打开的文件：')
f=open(name+'.txt','r')
print('----- 全部读入文件并逐行打印 -----')
poem=f.readlines()
print(poem)
for i in poem:
    print(i)
f.seek(0)
print('----- 直接处理 -----')
for i in f:
    print(i)
f.close()
```

运行结果：

```
请输入要打开的文件：春晓
----- 全部读入文件并逐行打印 -----
['春眠不觉晓，处处闻啼鸟。\n', '夜来风雨声，花落知多少。']
春眠不觉晓，处处闻啼鸟。
夜来风雨声，花落知多少。
----- 直接处理 -----
春眠不觉晓，处处闻啼鸟。
夜来风雨声，花落知多少。
```

使用f.readlines()时，把文件内容全部都读入到一个列表中，列表的每个元素是文件每一行的内容，再通过for循环来遍历列表并输出列表内容。这样做的缺点是，如果文件太大，内容很多时，全部一起调入会非常占用内存，而且影响程序的执行速度。程序中的第二种方式就是直接处理，用for循环遍历文件，一次读入一行并输出。

【问题 5-3】 文件 a.txt 中的一行数据为 "Hello,world."。
运行语句 f=open("a.txt","rt") 后，下列叙述正确的是（　　）。
A. f. readall( ) 的值为 'Hello,world.'
B. f. readlines( ) 的值为 'Hello,world.'
C. f. readable( ) 的值为 True
D. f. readline (1) 的值为 'Hello,world.'

2. 写文件

写文件就是把数据写入文件中保存，写入数据可以是程序的运行结果。Python 提供了两种写文件的方法，如表 5-3 所示。

表 5-3 写文件的方法

方　　法	说　　明
f.write(s)	向文件写入一个字符串
f.writelines(lines)	将一个元素全为字符串的列表写入文件

【例 5-5】 将古诗《绝句》写入指定文件中。

```
name=input('请输入需要操作的文件：')
f=open(name+'.txt','w')
poem=input('需要写入文件的内容是什么？ ')
f.write(poem)                #把需要写入的内容作为字符串写入文件
f=open(name+'.txt','r')      #查看写入后文件内容，以读方式再打开文件
f.seek(0)
for i in f:
    print(i)
f.close()
```

运行结果：

请输入需要操作的文件：绝句
需要写入文件的内容是什么？两个黄鹂鸣翠柳，一行白鹭上青天。
两个黄鹂鸣翠柳，一行白鹭上青天。

该程序运行后，会产生一个文件：绝句.txt。打开该文件，可见的内容如图 5-4 所示。

图 5-4　写入诗句的文件

说明：写入文件后，不能直接查看到文件的内容，如果要查看，需要用 f=open(name+'.txt','r') 再次把文件以只读方式打开，才能读出文件的内容。如果缺少这条语句，直接输出文件内容，运行时会报错，错误信息为："io.UnsupportedOperation: not readable"。

另一种解决方式是，不用这个语句，但是在程序第二行，打开文件的方式不用"w"，而是用"w+"，即以可读写的方式打开文件。

写入文件的数据会随着文件一起保存下来，下一次打开文件还能再看到，不会随着程序关闭而消失。因此，可以利用文件来保存数据。

　"老师，可不可以把在程序中计算得到的结果写入文件呢？"

"当然可以，看我的！"　

【例 5-6】 编程实现在文件中写入唐宋八大家的名字。

```
name=input('请输入需要操作的文件：')
f=open(name+'.txt','w+')
author=['韩愈','柳宗元','欧阳修','苏洵','苏轼','苏辙','王安石',
        '曾巩']
f.writelines(author)
f.seek(0)
for i in f:
    print(i,end=' ')
f.close()
```

运行结果：

请输入需要操作的文件：八大家
韩愈 柳宗元 欧阳修 苏洵 苏轼 苏辙 王安石 曾巩

说明：author 是一个列表，里面的内容都是字符串，writelines( ) 把该列表的内容写入文件。

【问题 5-4】 同学们思考一下，为什么这里没有再次以读的方式打开文件，直接输出写入后的文件内容呢？

【问题 5-5】 下列代码段可以将古诗"锄禾日当午，汗滴禾下土。谁知盘中餐，粒粒皆辛苦。"按 5 个字一行，带标点写入文件 a.txt 的是（　　）。

A.

```
poem=["锄禾日当午，","汗滴禾下土。","谁知盘中餐，","粒粒皆辛苦。"]
f = open("a.txt", "wt")
for line in poem:
    f.write(line)
f.close()
```

B.

```
poem=["锄禾日当午，","汗滴禾下土。","谁知盘中餐，","粒粒皆辛苦。"]
f = open("a.txt", "w")
for line in poem:
    f.write(line+ "\n ")
f.close()
```

C.

```
poem=["锄禾日当午，","汗滴禾下土。","谁知盘中餐，","粒粒皆辛苦。"]
```

```
f = open("a.txt", "rt")
for line in poem:
    f.write(line+ " \n")
f.close()
```

D.

```
poem = [" 锄禾日当午，\n", " 汗滴禾下土。\n", " 谁知盘中餐，\n"," 粒粒皆辛苦。\n"]
f = open("a.txt", "wt")
f.write(poem)
f.close()
```

"本单元学习了关于文件的知识。文件可以长期保存数据，无论是待处理数据还是已经处理好的数据。文件的类型有二进制文件和文本文件，这是根据文件是否有统一的编码方式来区分的。

操作文件的过程是：打开文件——读写文件——关闭文件。

后续课程中还会有很多和文件相关的内容哦。"

1. 下列有关 Python 文件操作的叙述中，不正确的是（　　）。
   A. 使用 open 打开文件，文件名既可以是绝对路径，也可以是相对路径
   B. 文件使用完毕，用户如没有主动关闭，Python 会自动正确关闭文件
   C. 使用读的方式打开不存在的文件时，Python 会报错
   D. 使用写的方式打开不存在的文件时，Python 不会报错

2. 文件 a.txt 中的两行数据为：

```
Hello,world1.
Hello,world2.
```

运行语句 f=open("a.txt","rt")，下列叙述正确的是（　　）。
  A. f.read( ) 的值为 'Hello,world1.'
  B. f.readlines( ) 的值为 ['Hello,world1.', 'Hello,world2.']
  C. f.readall( ) 的值为 'Hello,world1.\nHello,world2.'
  D. f.readline (1) 的值为 'Hello,world2.'

3. 下列关于 Python 文件操作的叙述中，不正确的是（　　）。
  A. Python 可以用于处理大的数据文件
  B. 文本文件可以以二进制的方式打开
  C. 以写文件的方式打开不存在的文件，Python 会报错
  D. open 是 Python 中用于打开文件的内置函数

4. 下列代码段能够把两个数字 2 和 3 分两行写入 a.txt 的是（　　）。
  A.

```
f = open("a.txt", "wt")
f.write(str(2), str(3))
f.close()
```

  B.

```
f = open("a.txt", "wt")
f.write(2)
f.write("\n")
f.write(3)
f.close()
```

  C.

```
f = open("a.txt", "wt")
f.write(str(2))
f.write(str(3))
```

```
f.close()
```

D.

```
f = open("a.txt", "wt")
f.write("2\n3")
f.close()
```

5. 下列有关 Python 文件操作的叙述，不正确的是（　　）。
   A. f=open ("a.txt") 打开的文件，使用 f.write ("a") 方法会报错
   B. f=open ("a.txt","w") 打开的文件，使用 f.read( ) 方法会报错
   C. Python 能够以文本方式或二进制方式打开文件进行操作
   D. Python 打开不存在的文件时一定会报文件访问错误

6. 文件 a.txt 中共有两行数据,第 1 行为 5,第 2 行为 7,下列可以读取 a.txt 的两个数值，求得其乘积 35，并写入 b.txt 的代码段是（　　）。

   A.

```
fr = open("a.txt", "r")
a = fr.readline()
b = fr.readline()
fr.close()
fw = open("b.txt", "w")
fw.write(a*b)
fw.close()
```

   B.

```
fr = open("a.txt", "r")
a = int(fr.readline())
b = int(fr.readline())
fr.close()
fw = open("b.txt", "w")
fw.write(a*b)
fw.close()
```

C.
```
fr = open("a.txt", "r")
a = int(fr.readline())
b = int(fr.readline())
fr.close()
fw = open("b.txt", "w")
fw.write(str(a*b))
fw.close()
```

D.
```
fr = open("a.txt", "r")
txt = fr.read()
a, b = int(txt[0]), int(txt[1])
fr.close()
fw = open("b.txt", "w")
fw.write(str(a*b))
fw.close()
```

7. 下列有关 Python 文件操作的叙述，正确的是（   ）。
   A. 语句 f=open("a.txt") 打开的文件，使用 f.write("a") 可以在 a.txt 中写入数据
   B. 语句 f=open("a.txt","w") 打开的文件，使用 f.read( ) 可以读出 a.txt 中的数据
   C. 语句 f=open("a.txt","w") 打开的文件，使用 close(f) 语句可以关闭打开的文件
   D. 语句 with open("a.txt","w") as f 打开的文件，用户无须主动关闭打开的文件

8. 文件 a.txt 中的一行数据为：

```
Hello,world.
```

运行语句 f=open("a.txt","rt") 后，下列叙述不正确的是（   ）。
   A. f.read( ) 的值为 'Hello,world.'

B. f.readlines() 的值为 ['Hello,world.']

C. f.readline() 的值为 'Hello,world.'

D. f.readable() 的值为 'rt'

9. 文件 a.txt 中的两行数据为：

```
Hello,world1.
Hello,world2.
```

运行下方代码段后，a.txt 中的内容为（　　）。

```
f = open("a.txt", "wt")
f.write("Hello,world3.")
f.write("Hello,world4.")
f.close()
```

A.

```
Hello,world3.Hello,world4.
```

B.

```
Hello,world3.
Hello,world4.
```

C.

```
Hello,world1.
Hello,world2.
Hello,world3.
Hello,world4.
```

D.

```
Hello,world1.
Hello,world2.Hello,world3.Hello,world4.
```

"小帅，你在玩什么？好专心呀。"

"我在研究计算器，有点意思。"

"我们可以用 Python 编写一段程序，实现和计算器一样的功能，怎么样？这很酷吧？"

计算器是生活中常见的计算工具。用简单的计算机就可以进行加、减、乘、除 4 种运算。同学们，你们可以编写程序来实现简单计算器的功能吗？

计算器能做什么？简单计算器能进行加、减、乘、除这 4 种运算。

每个运算是怎么实现的呢？嗯，把每个运算写成程序代码。要进行什么运算就运行该种运算的代码。

怎么知道要进行什么运算呢？可以通过输入的符号判断，或者给出 4 个选项，通过选择来做运算。

运算的数据从哪里来？运行程序的时候输入。

这个程序是怎么运行的呢？

"这是我们一起分析的计算器程序。接下来，我们打算合作实现它。"

小萌和小帅开始分工：小萌完成加、减、乘、除四个运算，小帅完成剩余的部分，他们写好后，再把各自写的合起来，加上输入和输出。

【例6-1】 简单计算器程序。

```python
def add(a, b):
    result = a + b
    print("{}+{}={}".format(a, b, result))
def minus(a, b):
    result = a - b
    print("{}-{}={}".format(a, b, result))
def multi(a, b):
    result = a * b
    print("{}*{}={}".format(a, b, result))
def div(a, b):
    result = a / b
    print("{}/{}={}".format(a, b, result))
def main():
    print("请选择需要做的运算:")
    print("1. 加法   2. 减法   3. 乘法   4. 除法")
    op=eval(input("请输入你的选择:"))
    print("请输入两个需要运算的数:")
    a = eval(input("a="))
    b = eval(input("b="))
    if op == 1:
        add(a, b)
    elif op == 2:
        minus(a, b)
    elif op == 3:
        multi(a, b)
    elif op == 4:
        div(a, b)
main()
```

运行结果:

```
请选择需要做的运算:
1. 加法   2. 减法   3. 乘法   4. 除法
```

```
请输入你的选择：3
请输入两个需要运算的数：
a=2
b=5
2*5=10
```

在这段程序里，小萌和小帅用到了函数，把加、减、乘、除分别写成函数的形式，在 main( ) 中调用它们。程序写得不错，功能清楚，函数调用关系明确，一目了然。如果以框图的形式表示则如图 6-1 所示。

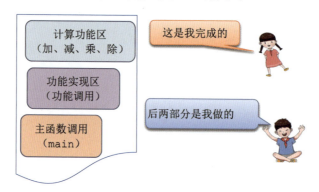

图 6-1　程序框图

把不同功能的函数分类，分好后的一个部分就称为模块。

模块也叫功能模块，是程序中相对独立的一个部分，这个部分完整地实现某个功能。例如，上面程序中，实现 4 种计算的部分可以称为计算模块。

编写程序时，先对程序功能进行模块划分，这样做的好处是，一方面，代码看起来整齐，规范，容易理解；另一方面，不需要写重复的代码，编程效率高。

【问题 6-1】　这个计算器的程序，还有没有不够完善可以改进的地方？有没有其他实现方式呢？

"小萌，你有没有想过，如果其他程序也有加、减、乘、除的运算，那我们这里写好的函数能不能给需要的程序用呢？"

"对哦,程序也可以资源共享啊,已经写好的就不用再重复写了。"

6.2 创建和导入模块

"我突然想到,turtle 库,math 库,每个库里面有很多的函数,有程序需要时用 import 导入这些库就可以用里面的函数了。"

"如果我们可以自己创建库,就像 math 那样,就好了。导入我们自己创建的库,不就可以使用里面的函数了吗?"

把自己写的函数放入一个文件,文件的后缀名为 .py,这个文件就称为一个模块,我们自己创建了一个功能模块,里面可以有自己定义的函数,这个文件独立存在,需要用到它的时候,像导入 math 库那样,用 import 导入即可。

创建模块就是把同一类功能函数写好后,放在 .py 文件中保存,这样就创建好了。

例如,可以把上面小萌和小帅写的程序中计算部分创建一个功能模块,名为 calculator.py。

```
def add(a,b):
    result=a+b
    print("{}+{}={}".format(a,b,result))
def minus(a,b):
    result=a-b
    print("{}-{}={}".format(a,b,result))
```

```
def multi(a,b):
    result=a*b
    print("{}*{}={}".format(a,b,result))
def div(a,b):
    result=a/b
    print("{}/{}={}".format(a,b,result))
```

【例 6-2】 简单计算器程序的模块实现。

```
import calculator
print("请选择需要做的运算：")
print("1. 加法    2. 减法    3. 乘法    4.    除法")
op=eval(input("请输入你的选择："))
print("请输入两个需要运算的数：")
a=eval(input("a="))
b=eval(input("b="))
if op==1:
    calculator.add(a,b)
elif op==2:
    calculator.minus(a,b)
elif op==3:
    calculator.multi(a,b)
elif op==4:
    calculator.div(a,b)
```

运行结果和前面的一样。

模块创建好了，就可以使用其中的函数。使用之前需要先导入。导入模块及使用函数的方式和导入标准库，使用标准库函数的方式一样，有下面这几种（以 calculator 为例）。

improt calculator，把模块内容全部导入，用 calcultor.add() 调用函数；
import calculator as cal，给较长的模块名字取个别名，用 cal.add() 调用函数。

【例 6-3】 调用 calculator.py 其中的加法运算。

```
import calculator as cal
print('输入两个需要操作的数：')
```

```
x=eval(input('x='))
y=eval(input('y='))
cal.add(x,y)
```

运行结果：

```
输入两个需要操作的数：
x=7
y=8
7+8=15
```

from calculator import add，导入模块中的特定函数，导入后，只能使用这个特定的 add() 函数，其他函数不能用。

【例 6-4】 只导入 calculator.py 中的 add、multi 函数进行使用。

```
from calculator import add, multi
print(" 请输入两个需要计算的数：")
x=eval(input("x="))
y=eval(input("y="))
add(x,y)
multi(x,y)
```

运行结果：

```
请输入两个需要计算的数：
x=8
y=7
8+7=15
8*7=56
```

from calculator import *，导入模块中所有的函数，调用函数时直接用函数名，如 add()，不用再加模块名。

【例 6-5】 导入 calculator.py 中的所有函数。

```
from calculator import *
print(" 请输入两个需要计算的数：")
x=eval(input("x="))
```

```
y=eval(input("y="))
add(x,y)
minus(y,x)
multi(x,y)
div(y,x)
```

运行结果：

```
请输入两个需要计算的数：
x=8
y=6
8+6=14
6-8=-2
8*6=48
6/8=0.75
```

创建和使用模块时要注意：

（1）给模块命名要符合变量的命名规则。

（2）自己创建的模块不能和 Python 自带的模块同名，否则将导致系统中的同名模块无法使用。

（3）给模块命名时不能包含中文或其他特殊字符。

【问题 6-2】请同学们试一试，自己动手创建一个模块。

6.3 系统变量 __name__

当运行一些程序时，会初始化某些系统变量，"__name__"就是其中一个。当前运行的程序是主要的程序，"__name__"的值就会被初始化为"__main__"，如果不是主要运行的程序，而只是被其他程序调用的模块，那么，

__main__ 的值就会被赋为被调用模块的名字。因此，在程序中，会用"if __name__=='__main__'"这样的形式，来判断当前的程序是否为主程序。

【例6-6】 有 Python 程序文件 a.py，其代码为：

```
a = 20
b = 5
print(a + b)
if __name__ == "__main__":
    print(a * 5)
```

运行 a.py 后，结果为：

```
25
100
```

分析：这里只有一个程序，运行到 print（a+b）时，第一次输出 25，接着用 if __name__ == "__main__" 判断是否是主要运行的程序,结果为"True"，因此，运行 print(a*5)，此时，a 为 20，输出结果为 100。

【例6-7】 在同一个文件夹中有两个文件 a.py 和 b.py。

a.py 为：

```
a = 20
b = 5
print(a + b)
if __name__ == "__main__":
    print(a * 5)
```

b.py 为：

```
import a
b = 20
print(a.a * b)
```

运行 b.py 后，结果为：

```
25
400
```

分析：此时，主要运行的程序为 b.py。执行过程为：开始执行时，__name__ 被初始化为 __main__，接着导入模块 a，此时，给 __name__ 变量赋值为 'a'，即被调用模块的名称，接着在 print(a.a*b) 中使用 a 模块，程序转去执行 a 模块。第一个输出就是 a 模块中的 print(a + b)，输出结果为 25；接着 if __name__ == "__main__" 判断结果为 "False"，故不执行 print(a * 5)，而是回到 b.py，用 a 模块中 a 变量的值进行计算，输出的第二个结果为 400。

【问题 6-3】 同一目录下仅有两个文件 a.py 和 b.py。
a.py 中的代码段如下。

```
a = 20
b = 5
print(a + b)
if __name__ == "__main__":
    print(a * 5)
```

b.py 中的代码段如下。

```
b = 20
from a import *
print(a * b)
```

运行 b.py 后输出的结果是（　　）。

A.	B.	C.	D.
25	25	25	100
100	400	100	400
		100	

"本单元我们学习了模块的知识,包括模块化编程和自定义模块。模块化编程指把程序进行功能划分,每个功能是一个模块。自定义模块指自己根据需要创建类似于标准库那样的函数库,存为模块后可以将其导入并使用其中的函数。同目录下的模块是本单元的学习重点。后续单元中,我们还将学习更多关于不同目录下模块的使用。"

习 题

1. 同一目录下仅有两个文件 a.py 和 b.py,a.py 中只有一行代码 a=20,下列代码段可以作为 b.py 的内容,运行后输出值为 100 的是(　　)。

A.
```
from a.py import *
print(a * 5)
```

B.
```
from a import *
print(a * 5)
```

C.
```
from a import *
b = 5
print(a * b.b)
```

D.
```
import a.py as a
print(a * 5)
```

2. 同一目录下仅有两个文件 a.py 和 b.py。
a.py 中的代码段如下。

```
a = 20
b = 5
print(a + b)
if __name__ == "__main__":
    print(a * 5)
```

b.py 中的代码段如下。

```
import a
b = 20
print(a.a * b)
```

运行 b.py 后输出的结果是（   ）。

A.	B.	C.	D.
25	25	400	100
400	100		400
	400		

3. 同一目录下仅有两个文件 a.py 和 b.py。
a.py 中的代码段如下。

```
a = 20
b = 5
print(a + b)
if __name__ == "__main__":
    print(a * 5)
```

b.py 中的代码段如下。

```
from a import *
b = 20
print(a * b)
```

运行 b.py 后输出的结果是（   ）。

A.	B.	C.	D.
25	400	25	25
400		100	100
			400

4. 下面关于模块的描述，不正确的是（　　）。

　　A. 模块是程序中的任意一部分语句

　　B. 模块可以是描述某个功能的函数

　　C. 一个程序根据功能可以划分为多个模块

　　D. 模块之间可以互相调用

第 7 单元　类与对象

"老师，我发现编写代码的过程中可以用一些重复的语句来描述相似的东西。"

"你很善于观察，下面我们将要学习如何使用对象解决编程中复用的问题。"

在前几单元中，我们已经学习了使用不同方式组织数据与程序，以及如何把东西收集起来。例如，列表可以收集变量（数据），函数可以将代码收集到反复使用的单元中。

面向对象的编程则让这种收集思想更进一步。类与对象能够将代码与数据都收集起来反复使用。本单元我们将学习什么是类，什么是对象以及如何创建和使用类和对象。

7.1　现实生活中的类与对象

下面以生活中建房子为例来说明类与对象。

类（Class）：相当于施工图纸。

对象（Object）：相当于房子（已经建造好的）。

假设有如图 7-1 所示的一张房子施工图纸，里面有关于房子的所有信息（楼层数，客厅的位置，卧室的位置，厨房的位置等，如何建造这座房子呢？

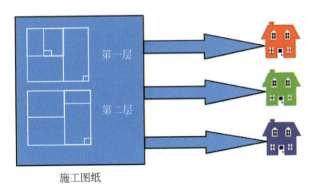

图 7-1　房子施工图纸

接下来可能是憧憬着对房子进行装修和购置家具。但这只是你的愿景，要做这些事情必须要等房子真正建好后才行。如果房子中途烂尾，就什么也做不了，梦想也就无处安放。所以说，首先是建好房子。在 Python 中，"一切皆为对象"，这也是"面向对象"的意思。有了对象，才能进行下一步工作。对于建好的房子也许会稍微不一样，每个人都有各自的喜好，就像图中看到的，可能是房子的户型一样，但是颜色不一样。但不管怎么样，它们都是根据"施工图纸"造出来的。

7.2 Python 中的对象

对象 = 属性 + 方法

利用对象，可以将一个东西的属性和方法（你知道的事情和你可以做的事情）收集在一起。属性是信息，方法是动作。

 1. 属性

在 Python 中，一个对象的特征（如上例中房子的颜色）也称为属性（Attribute）。属性就是你所知道的关于房子的所有方面。房子的属性就是一些信息（如数字、字符串等）。听起来很熟悉？没错，它们就是变量，只不过是包含在对象中的变量。

如果要在 Python 中建一栋房子，这栋房子就是一个对象（对象的名字叫 myHouse），它要有属性和方法。房子的属性可能有：

```
myHouse.color              # 房子的颜色
myHouse.height             # 房子的高度
myHouse.size               # 房子的大小
```

可以显示：   print(myHouse.color)
可以为它赋值：   myHouse.color = "grey"

第 7 单元 类与对象

2. 方法

动作（如上例中房子的装修）称为方法（Method）。方法就是可以对对象做的操作，它们是一些代码块，可以调用这些代码块来完成某个工作。听起来是不是很熟悉？没错，方法就是包含在对象中的函数。函数能做到的，方法都可以做到，包括传递参数和返回值。

房子的方法可能有：

```
myHouse.decorate()          # 房子的装修
myHouse.rent()              # 房子的出租
myHouse.sale()              # 房子的出售
```

"老师，上面代码中的圆点"."是什么意思？"

"这是 Python 使用对象属性和方法的一种记录：object.attribute 或 object.method( )，这称为点记法，很多编程语言中都使用了这种记法。"

7.3 Python 中创建类与对象

前面了解了类与对象的概念，接下来在 Python 中以建房子为例，创建类（施工图纸）与对象（房子）。施工图纸可以描述房子看上去怎么样，但是施工图纸本身并不是一个房子。人们不可能住在施工图纸里，只能用它来建造真正的房子。实际上，可以使用同一张施工图纸盖很多的房子。

下面来创建一个简单的 House 类，代码如下。

```
class House:              # 创建一个名为 House 的类，类名一般大写首字母
    def decorate(self):
```

```
       if    self.color == "grey":
              self.color = "red"
```

代码清单是一个 House 类的定义，其中只有一个方法 decorate()，里面并没有属性，因为属性并不属于类，它们属于各个实例。每个实例可以有不同的属性。

 创建一个对象的实例

类定义并不是一个对象，这只是一个施工图纸，现在来盖真正的房子。可以通过以下代码创建一个 House 的实例。

```
myHouse=House()
```

这个房子还没有任何属性，所以下面给它加一些属性。

```
myHouse.color = "grey"
myHouse.height = 30
```

这是为对象定义属性的一种方法，后面再学习另一种方法。

现在来试试它的方法，我们使用 decorate() 方法：

```
myHouse.decorate()
```

把这些属性和方法都放在一个程序里，增加一些 print 语句来看发生了什么？

【例 7-1】 创建一个 House 实例。

```
class House:
    def decorate(self):
        if self.color == "grey":
            self.color = "red"
myHouse = House()
myHouse.color = "grey"
myHouse.height = 30
print("I just create a house.")
print("My house's height is:",myHouse.height)
```

```
print("My house's color is:",myHouse.color)
print("Now,I'm going to decorate my house.")
print('-------------------------------------')
myHouse.decorate()
print("Now the house's color is:",myHouse.color)
```

运行结果如下。

```
I just create a house.
My house's height is: 30
My house's color is: grey
Now,I'm going to decorate my house.
-------------------------------------
Now the house's color is: red
```

注意：调用 decorate( ) 方法会将房子的颜色 (color) 从灰色（grey）改为红色（red），这是 House 类中 decorate( ) 的代码要做的事情。

"老师，代码中出现的 self 是什么？"

"在 Python 类中规定，函数的第一个参数是实例对象本身，并且约定俗成，把其名字写为 self。self 这个名字没有任何特殊的含义。只不过所有人都使用这个实例引用名，也可以将它改成你想要的任何名字，但强烈建议遵循这个约定，以减少混乱。"

2. 对象初始化

创建房子对象时，并没有在 size、color 中填入任何内容。必须在创建对象之后填充这些内容。不过有一种方法可以在创建对象时设置属性。这称为初始化对象。

创建类定义时,可以定义一个特殊的方法,名为 __init__(),只要创建这个类的一个新实例,就会运行这个方法。可以向 __init__() 方法传递参数,这样创建实例时就会把属性设置为你希望的值,从而在对象创建时完成初始化。

【例 7-2】 __init__() 方法设置属性。

```
class House:
    def __init__(self, color, height):
        self.color = color
        self.height= height
    def decorate(self):
        if self.color == "grey":
            self.color = "red"
myHouse = House("grey",30)
print("I just create a house.")
print("My house's height is:",myHouse.height)
print("My house's color is:",myHouse.color)
print("Now,I'm going to decorate my house.")
print('-------------------------------------')
myHouse.decorate()
print("Now the house's color is:",myHouse.color)
```

运行结果如下。

```
I just create a house.
My house's height is: 30
My house's color is: grey
Now,I'm going to decorate my house.
-------------------------------------
Now the house's color is: red
```

显然得到结果与例 7-1 的结果一样。它们的区别在于本实例采用了 __init__() 方法来设置属性。

"老师,我觉得上面例子的输出好复杂呀!我能不能用 print(myHouse) 这样的形式输出 myHouse 的所有属性呢?"

第 7 单元 类与对象

"小萌，你试一试就会看到'<__main__.House object at 0x000001DDA0F74BE0>'这样的出错结果。我们一起来看如何解决这个问题吧。"

"__init__()前后为双下画线，在 Python 中，前后双下画线用于定义类的魔法属性、方法等，例如，__init__、__str__等，这些方法不能被重写，它只允许在该类的内部中使用。"

3. "魔法"方法：__str__方法

在 Python 中，方法名如果是类似 __xxxx__() 的，那么就有特殊的功能，因此叫作"魔法"方法。当使用 print 输出对象的时候，只要定义了 __str__(self) 方法，那么就会输出这个方法中 return 后面的数据。__str__() 方法需要返回一个字符串，当作这个对象的描写。如果希望输出其他的内容，可以定义自己的 __str__()，这样自定义的 __str__() 就会覆盖内置的 __str__() 方法。

【例 7-3】 自定义 __str__() 方法实例。

```
class House:
    def __init__(self,color,height):
        self.color = color
        self.height= height
    def __str__(self):
        msg = "I'm a "+str(self.height)+" meters " + self.color +" house!"
        return msg
myHouse = House("red",30)
print (myHouse)
```

运行结果如下。

```
I'm a 30 meters red house!
```

对象包含属性和方法，可以利用 __init__( ) 方法初始化对象，__str__( ) 方法可以更加便捷地输出对象的信息。除此之外,对象还拥有很多"神奇"的特征呢！

7.4 多态和继承

接下来，学习对象另外两个特性：多态（Polymorphism）和继承（Inheritance）。

1. 多态

多态是指对于不同的类，可以有同名的两个（或多个）方法。取决于这些方法分别应用到哪个类，它们可以有不同的行为。Python 中多态的作用是让具有不同功能的方法可以使用相同的方法名，这样就可以用一个方法名调用不同内容（功能）的方法。

例如，不同事物飞的行为，可通过调用相同的方法 fly( )，完成不同的功能。

【例 7-4】多态实例。

```
class Hen:
    def fly(self):
        print(" 母鸡从墙上飞下来。")
class Bird:
    def fly(self):
        print(" 小鸟从天空俯冲下来。")
class Plane:
    def fly(self):
        print(" 飞机从跑道上起飞了。")
hen = Hen()
hen.fly()
bird = Bird()
bird.fly()
plane = Plane()
```

```
plane.fly()
```

运行结果如下。

母鸡从墙上飞下来。
小鸟从天空俯冲下来。
飞机从跑道上起飞了。

继承

"孔融让梨""司马光破缸救人""季布一诺千金"……中华民族数不胜数的优秀传统需要我们继承。作为孩子，我们也继承了来自父母、家族的许多特征，如黑头发、黑眼睛。

在面向对象编程中，类可以从其他类继承属性和方法。这样就有了类的整个"家族"，这个"家族"中的每个类共享相同的属性和方法。这样一来，每次向"家族"增加新成员时就不必从头开始。

在现实生活中，如果要描述天鹅、燕子、白鹭这些鸟类，它们都具有鸟类共同的特征和行为。例如，都有羽毛，都可以飞，如图 7-2 所示。可以通过继承鸟类的属性和行为，简化对这些具体鸟类的定义。

图 7-2 继承实例图

在面向对象编程中，类可以从其他类继承属性或方法，这样一来，每次增加类时就可能通过继承来共享相同的属性和方法。从其他类继承属性或方法的

类称为派生类 (derived class) 或子类 (subclass)。可以举一个例子来解释这个概念。

【例 7-5】 继承实例。

```
class Bird:
    def __init__(self,name,feather):
        self.feather = name
        self.name = feather
    def fly(self):
        print(f'{self.name}的{self.feather}在天空上飞翔。')
class Swan(Bird):    #Swan是Bird的子类,继承了Bird的属性与方法
    def __init__(self):
        Bird.__init__(self,"天鹅","白色")
# 在__init__( ) 中继承了Bird的属性与方法,并给name和feather赋值
class Sparrow(Bird):
    def __init__(self):
        Bird.__init__(self,"麻雀","灰色")
class Crow(Bird):
    def __init__(self):
        Bird.__init__(self, "乌鸦", "黑色")
swan = Swan()
swan.fly()
sparrow = Sparrow()
sparrow.fly()
crow = Crow()
crow.fly()
```

运行结果如下。

```
白色的天鹅在天空上飞翔。
灰色的麻雀在天空上飞翔。
黑色的乌鸦在天空上飞翔。
```

我们建立了一个父类：鸟类（Bird）。天鹅（Swan）、麻雀（Sparrow）、乌鸦（Crow）都是它的派生类。它们都继承了鸟类的属性（feather, name）和方法（fly( )）。

第 7 单元 类与对象

【问题 7-1】 什么是对象?
【问题 7-2】 什么是类?
【问题 7-3】 Python 中定义一个类的格式是什么?
【问题 7-4】 __str__ 方法有什么作用,使用时应注意什么问题?

"在本单元中,我们学习了类和对象。类和对象是面向对象编程的两个核心概念。类是对一群具有相同特征或行为的事物的一个统称,是抽象的,不能直接使用。类就像一个模板,是负责创建对象的。对象是由类创建出来的一个具体存在,可以直接使用由哪一个类创建出来的对象,就拥有在哪一个类中定义的属性和方法。不同对象之间的属性可能会各不相同,类中定义了什么属性和方法,该类创建的对象中就有什么属性和方法。同时,Python 支持面向对象的三大特征:封装、继承和多态。"

1. 下列关于 Python 面向对象编程的叙述中,不正确的是(　　)。
   A. 对象的两个要素是:属性和方法
   B. 对象是模板,类是对象的具体化
   C. 继承是代码复用的一个重要方法
   D. Python 使用关键字 class 定义类

2. 运行下列代码段,叙述正确的是(　　)。

```
class Car(object):
    color = "red"
    numOfWheels = 4
```

```
def beep(self):
    print("Beep! beep!")
car1 = Car()
```

  A. 使用 car1.color 可以得到值 'red'
  B. 使用 car1.color('blue') 可将 car1 的 color 属性修改为 'blue'
  C. 使用 car1.beep 可以得到输出数据 Beep! Beep!
  D. 使用 print(car1.numOfWheels( )) 可以得到输出值 4

3. 关于面向过程和面向对象，下列说法不正确的是（　　）。
  A. 面向过程和面向对象都是解决问题的一种思路
  B. 面向过程是基于面向对象的
  C. 面向过程强调的是解决问题的步骤
  D. 面向对象强调的是解决问题的对象

4. __init__ ( ) 方法的作用是（　　）。
  A. 一般成员方法　　　　　　B. 类的初始化
  C. 对象的初始化　　　　　　D. 对象的建立

5. Python 类中包含一个特殊的变量，它表示当前对象自身，可以访问类的成员，该变量是（　　）。
  A. self B. me C. this D. 与类同名

6. 定义一个类所使用的关键字是（　　）。
  A. new B. Class C. class D. Def

7. 定义一个水果类，然后通过水果类创建苹果对象、橘子对象、西瓜对象并分别添加上颜色属性。

8. 定义一个计算机类，包含品牌、颜色、内存大小等属性，包含打游戏、写代码、看视频等方法。

9. 创建一个人（Person）类，添加一个类字段用来统计 Person 类的对象的个数。

"模块做好之后是可以共享的,但不能所有程序都放在同一个位置。没有和模块放在一起的程序该怎么使用它呢?"

8.1 模块与包

小萌提出的确实是一个问题。那么遇到这样的情况该怎么办呢?

有一个文件夹名叫 test,在该文件夹下又建了两个文件夹 test1 和 test2。它们的层级关系如图 8-1 所示。

图 8-1 层级关系图

在这种情况下,模块的导入方式有下面几种。

1. Python 内置模块的导入

Python 自带的模块如 math,turtle 等标准库,直接导入即可。例如:

```
import math
import turtle
```

2. 自定义模块的导入

自定义模块和使用它的程序文件在同一个文件夹(同一个目录调用)时,如自定义模块 calculator.py(在第 6 单元中已经定义过该模块)和调用它的文件同时在 test2 中,使用时可直接导入(第 6 单元的示例程序都是用这种方式),如 import calculator。

自定义模块 calculator.py 在 test2 中,调用它的程序文件在 test 中(上级目录调用下级目录）。此时，实施调用的文件位置比 calculator.py 的位置高一个层级，称为上级目录，它要调用下级目录（即 test2）中的模块，调用之前，需要在下级目录即模块所在目录 test2 中创建一个 _init_.py 文件，该文件可以什么都不用写。

导入方式为：

```
from test2.calculator import *
```

【例 8-1】 上级目录中的程序文件（test 中的程序文件）调用下级目录（test2 中的 calculator.py）中的自定义模块。

代码 8-1-1：

```
from test2.calculator import *
print("请输入两个需要计算的数：")
x=eval(input("x="))
y=eval(input("y="))
z=minus(y,x)
print(y, '-', x, '=', z)
```

代码 8-1-2：

```
import test2.calculator
print("请输入两个需要计算的数：")
x=eval(input("x="))
y=eval(input("y="))
z=test2.calculator.minus(y,x)
print(y, '-', x, '=', z)
```

两段代码的运行结果均为：
请输入两个需要计算的数：

```
x=3
y=9
9-3=6
```

【例 8-2】 同级不同名目录中模块调用。（test1 里中的 8-2-1.py 和 8-2-2.py 调用 test2 里的 calculator 自定义模块。）

代码 8-2-1：

```
import sys
sys.path.append("..")    # 添加当前路径的上一级目录
import test2.calculator
print("请输入两个需要计算的数：")
x=eval(input("x="))
y=eval(input("y="))
z=test2.calculator.div(y,x)
print(y, '/', x, '=', z)
```

代码 8-2-2：

```
import sys
sys.path.append("..")                    # 添加当前路径的上一级目录
from test2.calculator import *
print("请输入两个需要计算的数：")
x=eval(input("x="))
y=eval(input("y="))
div(y,x)
print(y, '/', x, '=', z)
```

运行结果均为：

```
===========================
请输入两个需要计算的数：
x=15
y=60
60/15=4.0
>>>
```

说明：这两个程序中用到的 sys 是 Python 中提供有关运行的环境变量和函数的模块。sys.path 用来获取指定模块搜索路径，当写好的模块和调用它的程序不在同一个目录时，可以使用这个方法来设置搜索路径，让程序中的 import 正确找到需要的模块。

使用 sys.path 时，可以采取列表的方式把默认的搜索路径列出。例如：

```
>>> import sys
>>> sys.path
['C:\\Users\\Administrator\\Desktop\\test\\test2', 'C:\\Users\\Administrator\\
AppData\\Local\\Programs\\Python\\Python38\\python38.zip','C:\\Users\\Administrat
or\\AppData\\Local\\Programs\\Python\\Python38\\DLLs', 'C:\\Users\\Administrator
\\AppData\\Local\\Programs\\Python\\Python38\\lib', 'C:\\Users\\Administrator\\
AppData\\Local\\Programs\\Python\\Python38','C:\\Users\\Administrator\\AppData\\
Local\\Programs\\Python\\Python38\\lib\\site-packages', '..']
```

如果模块不在这里列出的搜索路径中，那么可以通过列表的 append 方式把新的路径添加进去，添加方式如上面程序的第 2 行。如果再次列出搜索路径时，发现新的路径已经存在，那么就可以正常使用 import 导入该模块了。

"老师，我将功能相近的模块一个一个导入，好麻烦，您有什么别的解决办法吗？"

"可以，我们可以通过'包'来解决这个问题。"

在一个系统目录下创建大量模块后，用户可能希望将某些功能相近的模块放在同一文件夹下，以便更好地组织和管理。当需要某个模块时就从其所在的文件夹中导出，这时就要用到包的概念了。

包与存放模块的文件夹对应，包的使用方式也与模块相似。当文件夹被当作包来使用时，文件夹需要包含 __init__.py 文件，__init__.py 文件的内容可以为空,这时 Python 解释器才会将这个文件夹当成包。如果没有 __init__.py 文件，就无法从该文件夹中导出模块。__init__.py 文件一般用来进行包的某些初始化工作。当导入包或包中的模块时，须执行 __init__.py 文件。

8.2 包的创建

Python 通过包可以更好地管理多个模块源文件。实际上包就是一个文件夹，在该文件夹下包含一个 __init__.py 文件，还包含多个模块源文件，从某种意义上说，包的本质依然是模块。包可以包含子包，没有层次限制。创建一个包的步骤如下。

（1）建立一个名字为包名的文件夹，包名的命名规则和变量名一致。
（2）在该文件夹下创建一个名为 __init__.py 的文件,该文件内容可以为空。
（3）根据需要在该文件夹下创建模块文件。

下面通过一个实例来看如何创建一个包。

如图 8-2 所示，在 D:\Python\Package 目录中，创建一个包名为 PAAT_package 的包，在 PAAT_package 包下包含模块 send_message.py 和模块 receive_message.py。模块 send_message.py 中包含 send() 函数，模块 receive_message.py 中包含 receive() 函数。按照如图 8-2 所示的要求创建好包和模块后，包和模块所组成的层次结构图如图 8-3 所示。

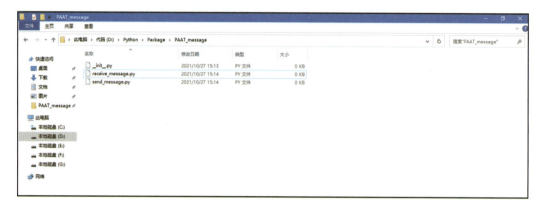

图 8-2　包的创建

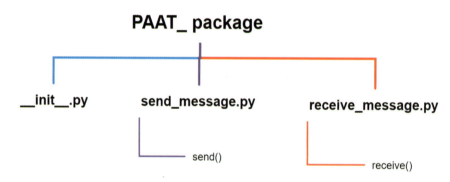

图 8-3　包和模块所组成 1 的层次结构图

其中，send_message.py 的代码如下。

```
def send():
    print("PAAT 正在给你发送消息。")
```

receive_message.py 的代码如下。

```
def receive():
    print(" 正在接收 PAAT 发来的消息。")
```

8.3 包的导入和使用

首先在 __init__.py 文件中加入所需要使用的模块，代码如下。

```
from . import send_message
from . import receive_message
```

【例8-3】通过"import 包名"导入包。

```
import PAAT_package
PAAT_package.send_message.send()
PAAT_package.receive_message.receive()
```

运行结果如下。

```
PAAT 正在给你发送消息。
正在接收 PAAT 发来的消息。
```

可以通过"import 包名（import PAAT_package）"一次性导入包中所有的模块，也可以每次只导入包里的特定模块，如 import PAAT_package.send_message，这样就导入了 send_message 模块，但是它必须通过完整的名称来引用。

【例8-4】通过"from…import"语句导入包。

```
from PAAT_package import send_message
from PAAT_package import receive_message
send_message.send()
receive_message.receive()
```

运行结果如下。

```
PAAT 正在给你发送消息。
正在接收 PAAT 发来的消息。
```

【例 8-5】 直接导入函数。

```
from PAAT_package.send_message import send
from PAAT_package.receive_message import receive
send()
receive()
```

运行结果与例 8-4 运行结果相同。

【问题 8-1】 什么是包?
【问题 8-2】 如何创建包?
【问题 8-3】 如何导入包?
【问题 8-4】 包和模块是什么关系?
【问题 8-5】 同学们在自己的计算机上查找一下,在自己计算机上的默认搜索路径是什么? 和其他同学查找到的结果对比一下,看看是不是一样的?

"在本单元中,我们了解了包的创建、导入和使用。包将有联系的模块组织在一起,即放到同一个文件夹下,并且在这个文件夹中创建一个名为 __init__.py 的文件,那么这个文件夹就称为包,包能有效避免模块名称冲突问题,让应用组织结构更加清晰。"

1. 下列关于 Python 包的叙述中,正确的是( )。
   A. Python 中的模块是包的集合体
   B. Python 包文件夹下必须存在一个名为 __init__.py 的文件

C. Python 中的包和模块含义相同
D. Python 中包的不足在于无法使用 import 引入到其他代码中使用

2. 下列关于 Python 中模块和包的叙述中，不正确的是（　　）。
   A. 模块、包、库都是 Python 用来解决大规模问题的方法
   B. 包主要用于解决多文件程序组织并扩展解决问题规模
   C. 模块一般是一个 Python 文件，包含若干数据和功能
   D. 库只能由 Python 官方发布，包可以由任何人发布

3. 下列关于 Python 中模块和包的叙述中，不正确的是（　　）。
   A. 当一个包主要用来解决一类问题时，可以将其构建发布为一个库
   B. 包用于解决多文件程序组织并可以扩展解决问题规模
   C. 包文件夹下可以用不同的子文件夹分类管理不同的功能模块
   D. 包可以使用 import 引入到其他文件使用，模块文件不可以

4. 操作题

创建 package_test 目录，并在 package_test 目录下创建 test1.py、test2.py、__init__.py 文件。然后在 package_test 同级目录下创建 test.py 文件并调用 package_test 包，其中，test.py 文件中存储的是测试调用包的代码。

5. 操作题

创建如下目录结构。

```
pakage1/
├── __init__.py
└── pakage2
    ├── __init__.py
    └── pakage3
        └── run.py
```

其中，run.py 中的代码段如下。

```
def fun():
        print("fun 函数被调用 ")
class Info:
```

```
        def __init__(self):
            self.name = None
```

要求：在pakage1同级目录下创建test.py文件，通过import pakage1,使用pakage1.fun()和pakage1.Info就可以调用pakage3下的run.py中的fun函数和Info类。

"老师，如果导入两个不同的模块时，有两个相同的方法名怎么办？"

"这就需要理解命名空间及作用域相关的概念了。"

假设四（1）班有个同学名叫小帅，四（2）班也有一个名叫小帅的同学。如果在四（1）班里说"小帅有一个魔法玩具盒"时，班里的所有同学都会认为指的是本班的小帅。如果你想说另外那个班的小帅，就会说"四（2）班的小帅"或者"另外那个小帅"。

如果将四（1）班当作一个空间，那么在这个空间里只有一位小帅，所以不会有混淆。但是如果老师通过学校的广播系统把小帅叫到办公室。老师如果说"请小帅到办公室来一趟。"那么两个小帅都会去老师的办公室。对于使用广播系统的老师来说，命名空间是整个学校。这说明，学校的每一个人都会听到这个名字，而不只是一个班的同学。所以老师必须更明确地指出是哪一个小帅。老师应该这样说："四（1）班的小帅到办公室来一趟。"老师还可以用另一种方法找小帅，就是走到四（1）班门口说："小帅，请跟我来"，这里只有一个小帅听到，所以老师能找到他要找的那位小帅。在这种情况下，命名空间就只是一间教室，而不是整个学校。

一般来讲，程序员把较小的命名空间（如教室）称作局部命名空间，而较大的命名空间（如学校）称为全局命名空间。

9.1 命名空间

什么是命名空间

命名空间（Namespace），也称名字空间，是从名字到对象的映射。Python 中，大部分的命名空间都是由字典来实现的。命名空间的主要作用是避免名字冲突。

【例 9-1】 命名空间的含义。

```
def fun1():
  i = 1
def fun2():
  i = 2
  print(i)
fun2()
```

该代码中，print(i) 语句输出的结果是 2，由于这个 print 语句是在 def fun2() 函数里面，就像本单元开始的例子，我们在四（1）班教室找小帅，这里找到的也是 fun2 里面的 i。同一个模块的两个函数中，两个同名 i 之间绝没有任何关系，因为它们分属于不同命名空间。

命名空间种类

如图 9-1 所示，命名空间包括三种：内置命名空间（Built-in namespace）、全局命名空间（Global namespace）、局部命名空间（Local namespace）。

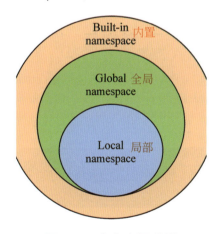

图 9-1 命名空间种类

内置名称：Python 语言内置的名称，如函数名 abs、char 和异常名称 BaseException、Exception 等。

全局名称：模块中定义的名称，记录了模块的变量，包括函数、类、其他导入的模块、模块级的变量和常量。

局部名称：函数中定义的名称，记录了函数的变量，包括函数的参数和局部定义的变量。

9.2 作用域

"老师,例 9-1 的输出结果为什么是 2 而不是 1 呢?"

"这就需要了解作用域、命名空间的查找顺序、全局变量、局部变量等概念。"

【例 9-2】以下程序的输出结果是 1 还是 2 呢?

```
i = 1
def fun1():
    i = 2
    print(i)
fun1()
```

这段代码的结果是 2。为什么呢?这就涉及作用域、命名空间的查找顺序、全局变量、局部变量等概念。

作用域就是一个 Python 程序可以直接访问命名空间的正文区域。在一个 Python 程序中,直接访问一个变量,会从内到外依次访问所有的作用域直到找到,否则会报未定义的错误。

 命名空间的查找顺序

Python 的查找顺序为:局部的命名空间 -> 全局命名空间 -> 内置命名空间。如果找不到变量,它将放弃查找并引发一个 NameError 异常。在例 9-2 中,print(i) 首先查找的是 fun1() 里面的 i,这是一个局部变量。所以输出的结果就是 2。

删除例 9-2 代码 fun1( ) 里面的 i=2，如例 9-3 所示，则输出的结果就是 1，因为 fun1( ) 里面没有找到 i，那么就到全局命名空间去找，找到全局变量 i。变量的作用域决定了在哪一部分程序可以访问哪个特定的变量名称。

【例 9-3】 命名空间的查找顺序。

```
i = 1
def fun1():
    print(i)
fun1()
```

2. 命名空间的生命周期

命名空间的生命周期取决于对象的作用域，如果对象执行完成，则该命名空间的生命周期就结束。因此，我们无法从外部命名空间访问内部命名空间的对象。

不同类型的命名空间有不同的生命周期。

内置命名空间，在 Python 解释器启动时创建，解释器退出时销毁。

全局命名空间，模块的全局命名空间在模块定义被解释器读入时创建，解释器退出时销毁。

局部命名空间，这里要区分函数以及类定义。函数的局部命名空间，在函数调用时创建，函数返回或者有未捕获的异常时销毁；类定义的命名空间，在解释器读到类定义时创建，类定义结束后销毁。

9.3 局部变量和全局变量

局部变量是指定义在函数内部的变量，它的作用域范围为函数内，也就是出了函数外就无效。如果海面上同时有几艘轮船，局部变量就像船员，他的活动范围仅限于自己所在的轮船，其他轮船上的活动他是无法参加的。

全局变量是指定义在函数外的变量，它的作用域范围为全局。全局变量就像在海面上飞翔的海鸥，整个海面，包括海面上的轮船，都可以是它的活动范围。

局部变量与全局变量两者的本质区别就是在于作用域。全局变量是在整个 Python 文件中声明，全局范围内都可以访问，局部变量是在某个函数中声明的，只能在该函数中调用它，如果试图在超出范围的地方调用，程序就会出错。

从语法上，局部变量允许和全局变量重名，但编程时要尽量避免在函数内部定义与某个全局变量一样名称的局部变量，因为这样容易造成引用的混淆，从而导致意外的结果。

接下来看几个例子来理解局部变量和全局变量的区别。

【例 9-4】 错误访问局部变量。

```
def fun():
    x=2
    print("x 在函数中的值是：",x)
fun()
print("x 在函数外的值是：",x)
```

运行结果如下。

```
x在函数中的值是： 2
Traceback (most recent call last):
  File "C:/Users/l/AppData/Local/Programs/Python/Python310/18-4.py", line 5, in <module>
    print("x在函数外的值是：",x)
NameError: name 'x' is not defined
```

第一条输出语句得到了正确的结果，因为它在函数内部，访问的是局部变量 x，而第二条输出语句报错是因为试图访问局部变量的 x，但是访问的地方不在该变量 x 的作用域中。

【例 9-5】 正确访问变量。

```
x=3
def fun():
    x=2
    print("x 在函数中的值是：",x)
fun()
print("x 在函数外的值是：",x)
```

相比例 9-4，例 9-5 在函数外面加了一条语句 x=3，此处定义的 x 是全局变量，它的输出结果是：

```
x 在函数中的值是： 2
x 在函数外的值是： 3
```

虽然两个变量名称都叫 x，但是一个是局部变量，另一个是全局变量，结果也就不同了。

9.4　global 关键字和 nonlocal 关键字

1. global 关键字

在函数体内部能不能修改全局变量的值呢？我们来看以下代码。

"老师，在函数体内部能不能修改全局变量的值呢？"

"这种情况可以采用 global 关键字进行修饰，达到修改目的。"

【例 9-6】函数体内部能不能修改全局变量？

```
x=1
def fun():
    x = x + 1
    print(" 函数内修改 x 的值后 x=",x)
print(" 运行函数前 x=",x)
fun()
print(" 运行完函数后 x=",x)
```

运行结果为：

```
运行函数前x= 1
Traceback (most recent call last):
  File "C:/Users/1/AppData/Local/Programs/Python/Python310/
18-6.py", line 6, in <module>
    fun()
  File "C:/Users/1/AppData/Local/Programs/Python/Python310/
18-6.py", line 3, in fun
    x = x + 1
UnboundLocalError: local variable 'x' referenced before ass
ignment
```

以上代码报错了，是因为在 fun( ) 函数中使用了局部变量 x，它只是个跟全局变量同名的局部变量，使用前还是要赋值。

如果想要在函数体内修改全局变量的值，就要使用 global 关键字。在例 9-6 中添加一条语句"global x"。

【例 9-7】 global 的作用示例。

```
x=1
def fun():
    global x
    x = x + 1
    print("函数内修改 x 的值后 x=",x)
print(" 运行函数前 x=",x)
fun()
print(" 运行完函数后 x=",x)
```

运行结果为：

```
运行函数前 x= 1
函数内修改 x 的值后 x= 2
运行完函数后 x= 2
```

使用 global 关键字就是告诉 Python 编译器这个变量不是局部变量而是全局变量，其实有点像是"引用"的意思。

2. nonlocal 关键字

再看看另一个跟变量相关的关键字 nonlocal，字面意思就是指当前的这个变量不是局部变量。nonlocal 是 Python 3.0 中新增的关键字，Python 2.x 不支持。先来看看下面这段代码。

【例 9-8】 错误引用示例一。

```
def fun1():
    x = 1
    def fun2():
        x = x+1
        print("x=", x)
    return fun2()
fun1()
```

运行结果为：

```
Traceback (most recent call last):
  File "C:/Users/l/AppData/Local/Programs/Python/Python310/18-8.py", line 7, in <module>
    fun1()
  File "C:/Users/l/AppData/Local/Programs/Python/Python310/18-8.py", line 6, in fun1
    return fun2()
  File "C:/Users/l/AppData/Local/Programs/Python/Python310/18-8.py", line 4, in fun2
    x = x+1
UnboundLocalError: local variable 'x' referenced before assignment
```

以上代码报错，如果在 fun2( ) 函数中加上语句"global x"，程序运行的结果是怎样呢？

【例 9-9】 错误引用示例二。

```
def fun1():
    x = 1
    def fun2():
        global x
        x = x+1
        print("x=", x)
    return fun2()
fun1()
```

运行结果为：

```
Traceback (most recent call last):
  File "C:/Users/1/AppData/Local/Programs/Python/Python310/18-9.py", line 8, in <module>
    fun1()
  File "C:/Users/1/AppData/Local/Programs/Python/Python310/18-9.py", line 7, in fun1
    return fun2()
  File "C:/Users/1/AppData/Local/Programs/Python/Python310/18-9.py", line 5, in fun2
    x = x+1
NameError: name 'x' is not defined
```

注意：运行结果还是报错，是因为在本例中 fun2() 里面想修改 fun1() 里面的 x 的值，而这个值既不是 fun2() 的局部变量，也不是全局变量，只是函数 fun1() 的局部变量。此处就可以采用 nonlocal 关键字。

【例 9-10】 将 global 变成 nonlocal，实现正确引用。

```python
def fun1():
    x = 1
    def fun2():
        nonlocal x
        x = x+1
        print("x=", x)
    return fun2()
fun1()
```

运行结果为：

x=2

【问题 9-1】 全局变量和局部变量的区别是什么？

【问题 9-2】 当全局变量和局部变量同名时，如何处理？

【问题 9-3】 运行以下代码，输出的结果是（　　）。

```
a = 10
def fun(x):
    global a
    a = 20
    print(a + x)
print(a)
fun(a)
print(a)
```

A.	B.	C.	D.
10	10	20	10
20	30	30	20
20	20	20	10

"在本单元中，我们了解了命名空间及作用域。命名空间是从名称到对象的映射，大部分的命名空间都是通过 Python 字典来实现的。变量的作用域决定了在哪一部分程序可以访问哪个特定的变量名称。Python 中只有模块、类、函数才会引入新的作用域，其他的代码块（如 if/elif/else/、try/except、for/while 等）不会引入新的作用域，这些语句内定义的变量，外部也可以访问。"

习　题

1. 关于 Python 全局变量和局部变量，以下选项中描述不正确的是（　　）。

A. 全局变量是指在函数之外定义的变量，在程序执行全过程有效
B. 使用 global 保留字声明简单数据类型变量后，该变量作为全局变量
C. 局部变量指在函数内部使用的变量，当函数退出时，变量仍然存在，下次函数调用可以继续使用
D. 在函数内部创建的变量，函数退出后变量将被释放

2. 下列选项描述正确的是（　　）。
   A. Python 在查找某一名称时，按照"内置名称—>全局名称—>局部名称"的顺序进行
   B. 全局作用域是最外层的作用域
   C. 函数内部声明的变量就是全局变量
   D. 关键字 global 可将局部变量声明为全局变量使用

3. 下列选项不属于 Python 命名空间的是（　　）。
   A. 内置名称
   B. 全局名称
   C. 局部名称
   D. 随机名称

4. 关于 Python 的全局变量和局部变量，以下选项中描述不正确的是（　　）。
   A. 不是在程序最开头定义的全局变量，不是全过程均有效
   B. 全局变量在原文件顶层，一般没有缩进
   C. 程序中的变量包含两类：全局变量和局部变量
   D. 函数内部使用各种全局变量，都要用 global 语句声明

5. 执行下列程序，输出的结果是（　　）。

```
total = 0
def sum(x,y):
    global total
    total = x + y
    return total
print(sum(5,10),total)
```

A. 0 0
B. 15 0
C. 15 15
D. 0 15

6. 以下程序输出的结果是（　　）。

```
num = 1
def fun1():
    global num
    print(num)
    num = 123
    print(num)
fun1()
print(num)
```

A.	B.	C.	D.
1	1	1	1
123	12	1	123
123	123	1	1

7. 以下程序输出的结果是（　　）。

```
def outer():
    num = 10
    def  inner():
        nonlocal  num
        num = 100
        print(num)
    inner()
    print(num)
outer()
```

A.	B.	C.	D.
10	100	10	100
100	10	10	100

第 10 单元　获取外部的力量——第三方库

"老师，我想将一段话中的词语分离出来，有什么快速的方法吗？"

"我们可以借助外部的力量，别人已经写好了的成熟的方法，这就是第三方库。"

Python 语言有标准库和第三方库两类库。标准库随 Python 安装包一起发布，用户可随时使用；第三方库需要安装后才能使用，第三方库由全球开发者分布式维护。一些典型的第三方库如进行科学计算的基础 Numpy 库、机器学习方向 TensorFlow 库、中文分词的 jieba 库、打包 Python 文件的 pyinstaller 库，以及词云展示 wordcloud 库等。

10.1　第三方库的查找及安装

1. 第三方库的查找

同学们可能听说过各种第三方库，那么这些库都是哪里来的？ Python 的第三方库来源于全球 Python 使用者的自行开发，人多力量大，目前 Python 已经拥有了 12 万多个优秀的第三方库，其中大多数汇聚成了全球第三方库生态中的库。可以从 https://pypi.org/ 上搜索到全球优秀的第三方库，如图 10-1 所示。

图 10-1　第三方库搜索网站

 第三方库的安装

Python 第三方库有 3 种安装方式，分别如下。

（1）pip 工具安装。

（2）自定义安装。

（3）文件安装。

最常用且最高效的 Python 第三方库安装方式是采用 pip 工具进行安装。所以本书选择 pip 工具安装方式来讲解 Python 第三方库的安装。

pip 工具是 Python 官方提供并维护的在线第三方库安装工具。pip 是 Python 内置命令，需要通过命令行执行，在 cmd 命令窗口中执行 pip -h 命令将列出 pip 常用的子命令，注意，不要在 IDLE 环境下运用 pip 程序。

方法一：pip 命令行直接安装

打开 cmd 命令窗口，通过命令"pip install 包名"进行第三方库安装，此方法简单快捷，例如，安装 jieba 库，如图 10-2 所示。选择此方法安装必须保证连上互联网。

```
C:\Users>pip install jieba
Collecting jieba
  Downloading jieba-0.42.1.tar.gz (19.2 MB)
     ──────────────────────────── 19.2/19.2 MB 37.8 kB/s eta 0:00:00
  Preparing metadata (setup.py) ... done
Building wheels for collected packages: jieba
  Building wheel for jieba (setup.py) ... done
  Created wheel for jieba: filename=jieba-0.42.1-py3-none-any.whl size=19314481 sh
a256=e41b36c79cf0e4e2a410026c89f23839d2ce82b70987c542107dd8073449e460
  Stored in directory: c:\users\tang bo\appdata\local\pip\cache\wheels\ca\38\d8\df
dfe73bec1d12026b30cb7ce8da650f3f0ea2cf155ea018ae
Successfully built jieba
Installing collected packages: jieba
Successfully installed jieba-0.42.1
```

图 10-2　库包的安装

安装成功后会显示 Successfully installed jieba，如果出现黄色字体警告，是由于 pip 库包不是最新的，但 jieba 库已成功安装，可随后对 pip 包进行更新，更新命令为：python -m pip install --upgrade pip，如图 10-3 所示。

```
C:\Users>python -m pip install --upgrade pip
Collecting pip
  Downloading pip-22.0.3-py3-none-any.whl (2.1 MB)
     ──────────────────────────── 2.1 MB 22 kB/s
Installing collected packages: pip
  Attempting uninstall: pip
    Found existing installation: pip 20.2.3
    Uninstalling pip-20.2.3:
      Successfully uninstalled pip-20.2.3
Successfully installed pip-22.0.3
```

图 10-3　库包更新

方法二：手动下载第三方库，再使用 pip 安装（适用部分库直接 pip 安装失败）

从第三方库网址 https://www.lfd.uci.edu/~gohlke/pythonlibs/ 下载所需的第三方库。如图 10-4 所示，下载时注意自己的 Python 版本以及位数。

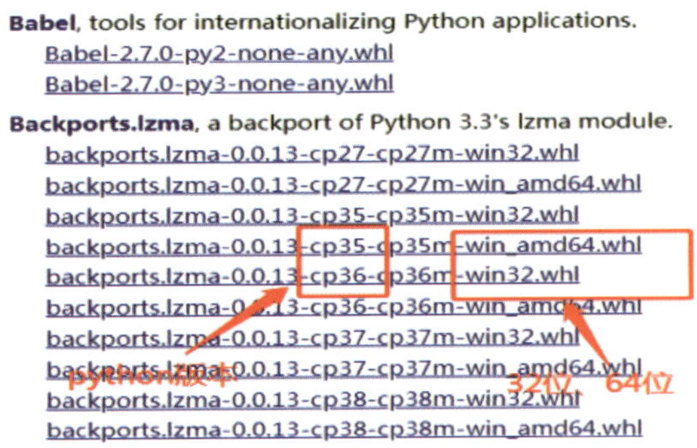

图 10-4　第三方库下载

将下载好的安装库包放在自己的 Python 库包文件下，例如，库包文件位置为“D:\Python\”，在 cmd 命令提示符界面中需要先切换到库包文件路径下，命令使用如图 10-5 所示。

```
Microsoft Windows [版本 10.0.19042.1165]
(c) Microsoft Corporation。保留所有权利。

C:\Users\Administrator>d:

D:\>cd python

D:\Python>_
```

图 10-5　切换库包文件路径

然后使用 pip install 下载包文件名，进行安装，如图 10-6 所示。

```
D:\python>pip install atom-0.7.0-cp38-cp38-win_amd64.whl
Processing d:\python\atom-0.7.0-cp38-cp38-win_amd64.whl
Installing collected packages: atom
Successfully installed atom-0.7.0
```

图 10-6　本地库包安装

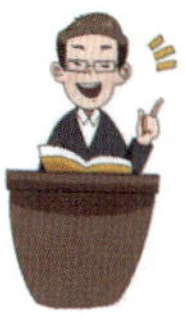

注意：如果想卸载所安装的第三方库，则使用：

pip uninstall 第三方库名

进行卸载。如 pip uninstall numpy，可卸载第三方库科学计算基础库 numpy。

10.2　jieba 库的应用

"老师，我想知道《红楼梦》中黛玉出现的次数多还是宝钗出现的次数多，Python 可以帮我完成统计吗？"

"小萌，Python 有一个非常厉害的中文分词第三方库——jieba 库。利用它解决你的问题将非常容易。"

jieba 是优秀的中文分词第三方库。jieba 分词的原理是利用一个中文词库，确定汉字之间的关联概率，汉字间概率大的组成词组，形成分词结果。

1. jieba 库的安装

在 cmd 命令窗口中输入命令：

```
pip install jieba
```

安装结果如图 10-7 所示。

```
C:\Users>pip install jieba
Collecting jieba
  Downloading jieba-0.42.1.tar.gz (19.2 MB)
                                    19.2/19.2 MB 37.8 kB/s eta 0:00:00
  Preparing metadata (setup.py) ... done
Building wheels for collected packages: jieba
  Building wheel for jieba (setup.py) ... done
  Created wheel for jieba: filename=jieba-0.42.1-py3-none-any.whl size=19314481 sh
a256=e41b36c79cf0e4e2a410026c89f23839d2ce82b70987c542107dd8073449e460
  Stored in directory: c:\users\tang bo\appdata\local\pip\cache\wheels\ca\38\d8\df
dfe73bec1d12026b30cb7ce8da650f3f0ea2cf155ea018ae
Successfully built jieba
Installing collected packages: jieba
Successfully installed jieba-0.42.1
```

图 10-7　jieba 库的安装

2. jieba 库的分词模式

1）精确模式

常用函数：lcut(str)、cut(str)。

它可以将句子精确地切开，适合文本分析。

lcut 和 cut 都能达到中文分词的效果，主要的区别是 lcut 返回的结果是列表，而 cut 返回的是生成器（对生成器概念和语法感兴趣的话，可以自行查找资料学习）。

【例 10-1】 jieba 精确分词。

```
import jieba
txt = jieba.lcut("在北京城的中心，有一座城中之城，这就是紫禁城。")
for i in txt:
    print(i,end=",")
```

运行结果如下。

在，北京城，的，中心，，，有，一座，城中，之，城，，，这，就是，紫禁城，。，

2）全模式

"老师，这种精确模式只是将词分开了，但是我想要所有词语的可能组合，比如，"北京城"包括"北京"和"北京城"两种组合,怎么实现呢？"

"这就需要用到 jieba 的另一种分词模式：全模式。"

全模式可以将句子所有可以成词的词语都扫描出来，但不能够解决歧义的问题，常用函数及相关参数设置为：

```
lcut(str,cut_all=True)、cut(str,cut_all=True)
```

【例 10-2】 jieba 全模式分词。

```
import jieba
txt = jieba.lcut(" 在北京城的中心,有一座城中之城,这就是紫禁城。",
cut_all=True)
for i in txt:
    print(i,end=",")
```

运行结果如下。

在,北京,北京城,京城,的,中心,,,有,一座,城中,之城,,,这,就是,紫禁城,禁城,。,

注意:全模式虽然将所有可能的组合都列举出来了,但是无法剔除无效的组合。

3)搜索引擎模式

常用函数及相关参数设置为:

```
lcut_for_search(str)、cut_for_search(str)
```

这种模式主要是在精确模式的基础上,再对较长的词进行二次切分。它主要是将所有可能再次进行重组。

【例 10-3】 jieba 搜索引擎模式分词。

```
import jieba
txt = jieba.lcut_for_search(" 在北京城的中心,有一座城中之城,这就是紫禁城。")
for i in txt:
    print(i,end=",")
```

运行结果如下。

在,北京,京城,北京城,的,中心,,,有,一座,城中,之,城,,,这,就是,禁城,紫禁城,。,

这样就可以看到所有词的可能组合,所以说这种模式十分适合搜索引擎搜索查找功能。

3. jieba 库的其他应用

1）添加新词

"老师，在例 10-1 中，"城中之城"被分成"城中""之"和"城"了，而我想将"城中之城"作为一个整体，不再分词怎么实现呢？"

"这就需要用到 jieba 库中的 add_word( ) 方法将"城中之城"添加成一个新词来实现。"

【例 10-4】 添加新词。

```
import jieba
jieba.add_word("城中之城")
txt = jieba.lcut("在北京城的中心，有一座城中之城，这就是紫禁城。")
for i in txt:
    print(i,end=",")
```

运行结果如下。

在,北京城,的,中心,,,有,一座,城中之城,,,这,就是,紫禁城,。,

jieba 添加新词只会添加文本里有的词，如果想添加其他词，我们得用到字典，添加属于自己的字典。

2）删除新词

有添加肯定就有删除，那么删除新词怎么实现呢？如果我们对自己所添加的新词不满意，可以用这样的语句进行删除：

```
jieba.del_word("北京城")
```

可以看到，分词结果又回到了原来的形式。

3）处理停用词

有时候我们处理大段文本时，有些词是无关紧要的，比如我们熟悉的"的""了"等都是可有可无的词，需要将它们过滤掉。下面通过实例来说明如

何去掉这些词。

【例 10-5】 利用 jieba 过滤词。

```
import jieba
stop = ["的","了"]
txt = jieba.lcut("在北京城的中心,有一座城中之城,这就是紫禁城。")
for i in txt:
    if i not in stop:
        print(i,end=",")
```

运行结果如下。

在 , 北京城 , 中心 , , , 有 , 一座 , 城中 , 之 , 城 , , , 这 , 就是 , 紫禁城 , 。,

可以看到,程序去除了不需要的词:"的""了",就是将这些需要摒弃的词添加到列表中,然后遍历需要分词的文本并进行判读,如果遍历的文本中的某一项存在于列表中,便弃用它,然后将其他不包含的文本添加到字符串,这样生成的字符串就是最终的结果了。

4)词频统计

首先准备一篇文档,本书采用介绍故宫博物院的文章 (palace.txt),用以下代码进行词频统计。

【例 10-6】 词频统计。

```
import jieba
f = open("palace.txt","r",encoding='utf-8')
t = f.read()
f.close()
words = jieba.lcut(t)
counts = {}    # 通过键值对的形式存储词语及其出现的次数
for word in words:
    if len(word) == 1:    # 单个词语不计算在内
        continue
    else:
        counts[word] = counts.get(word, 0) + 1
# 遍历所有词语,出现一次值加 1
items = list(counts.items())    # 将键值对转换成列表
items.sort(key=lambda x: x[1], reverse=True)
```

```
# 根据词语出现的次数进行排序
for i in range(15):
    word, count = items[i]
    print("{0:<5}{1:>5}".format(word, count))
    # 输出频率最高的前15个词
```

运行结果如下。

【问题10-1】 怎么统计《红楼梦》中黛玉和宝钗出现的次数呢？请仿照上面的代码，尝试自己动手编程实现吧！

"老师，运行Python程序时，能不能像其他可执行性文件一样，直接双击就执行呢？"

"我们可以使用第三方库pyinstaller的打包功能对程序进行打包，然后就可以直接双击运行了。"

pyinstaller 是打包 Python 文件的第三方库。它会扫描所有的 Python 文档，并分析所有代码从而找出所有代码运行所需的模块，然后将所有模块和代码放在一个文件夹里，或者一个可执行文件里。这样，用户就不用下载各种软件运行环境，只需要执行打包好的可执行文件就可以直接运行。

安装 pyinstaller 库。安装命令为：pip install pyinstaller，如图 10-8 所示。

```
C:\Users>pip install pyinstaller
Collecting pyinstaller
  Downloading pyinstaller-4.9-py3-none-win_amd64.whl (2.0 MB)
     ---------------------------------------- 2.0/2.0 MB 51.2 kB/s eta 0:00:00
Requirement already satisfied: pefile>=2017.8.1 in e:\anaconda3\lib\site-packages (from pyinstaller) (2021.9.3)
Requirement already satisfied: setuptools in e:\anaconda3\lib\site-packages (from pyinstaller) (49.2.0.post20200714)
Requirement already satisfied: pywin32-ctypes>=0.2.0 in e:\anaconda3\lib\site-packages (from pyinstaller) (0.2.0)
Requirement already satisfied: altgraph in e:\anaconda3\lib\site-packages (from pyinstaller) (0.17.2)
Requirement already satisfied: pyinstaller-hooks-contrib>=2020.6 in e:\anaconda3\lib\site-packages (from pyinstaller) (2021.5)
Requirement already satisfied: future in e:\anaconda3\lib\site-packages (from pefile>=2017.8.1->pyinstaller) (0.18.2)
Installing collected packages: pyinstaller
Successfully installed pyinstaller-4.9
```

图 10-8　pyinstaller 库安装

利用 pyinstaller 打包 Python 文件。打包命令为 pyinstaller，具体格式为：

```
pyinstaller [参数] xxx.py
```

其中最重要的参数有以下几个。

-F：打包成 EXE 文件。

-w：表示程序运行后隐藏命令行窗口。

-c：默认选项，提供一个命令行窗口进行输入和输出，和 -w 恰恰相反。

-D/--onedir：默认选项，与 F/--onefile 参数作用相反，将程序打包为一个文件夹，文件夹中包含启动程序的 exe 文件和其他依赖的资源文件和 DLL 文件等。

-i/--icon：指定 exe 程序图标。

下面以生成 exe 文件为例，将 D:\python\19.1.py 文件打包，如图 10-9 所示。

最后完成后会出现几个文件夹，在 dist 文件夹下有一个可执行文件，就是我们需要的结果。

第 10 单元 获取外部的力量——第三方库

```
D:\python>pyinstaller 19.1.py
1295 INFO: PyInstaller: 4.9
1295 INFO: Python: 3.8.3 (conda)
1295 INFO: Platform: Windows-10-10.0.18362-SP0
1295 INFO: wrote D:\python\19.1.spec
1295 INFO: UPX is not available.
1295 INFO: Extending PYTHONPATH with paths
['D:\\python']
1789 INFO: checking Analysis
1792 INFO: Building because E:\anaconda3\Lib\site-packages\PyInstaller\hooks\rthoo
ks\pyi_rth_subprocess.py changed
1792 INFO: Initializing module dependency graph...
1792 INFO: Caching module graph hooks...
1808 INFO: Analyzing base_library.zip ...
5956 INFO: Processing pre-find module path hook distutils from 'e:\\anaconda3\\lib
\\site-packages\\PyInstaller\\hooks\\pre_find_module_path\\hook-distutils.py'.
5957 INFO: distutils: retargeting to non-venv dir 'e:\\anaconda3\\lib'
9248 INFO: Caching module dependency graph...
9454 INFO: running Analysis Analysis-00.toc
19040 INFO: Removing dir D:\python\dist\19.1
19066 INFO: Building COLLECT COLLECT-00.toc
19464 INFO: Building COLLECT COLLECT-00.toc completed successfully.
```

图 10-9 利用 pyinstaller 打包 Python 文件

10.4 wordcloud 库的应用

"老师，如何把一篇文章的主要内容通过可视化效果展示出来呢？"

"我们可以使用第三方库 wordcloud，形成词云图。"

"词云"由美国西北大学新闻学副教授、新媒体专业主任里奇·戈登（Rich Gordon）于 2006 年最先使用。词云图是数据可视化的一种形式，其视觉冲击力比较强，可以让人一眼就看出主题，而不是从密密麻麻的文字报告中自己提炼主题，也可以用"焦点"来形容词云图。因此，词云图作为一种新兴的图表工具，通过对网络文本中出现频率较高的"关键词"进行视觉上的突出，取得了很好的传播效果。利用 Python 的 wordcloud 库可以作出词云图。

 wordcloud 库的安装

打开 cmd 命令窗口，输入 pip install wordcloud，如图 10-10 所示。

```
C:\>pip install wordcloud
Collecting wordcloud
  Downloading wordcloud-1.8.1-cp38-cp38-win_amd64.whl (155 kB)
     ---------------------------------------- 155.9/155.9 KB 131.4 kB/s eta 0:00:00
Requirement already satisfied: pillow in e:\anaconda3\lib\site-packages (from wordcloud) (7.2.0)
Requirement already satisfied: matplotlib in c:\users\tang bo\appdata\roaming\python\python38\site-packages (from wordcloud) (3.5.1)
Requirement already satisfied: numpy>=1.6.1 in c:\users\tang bo\appdata\roaming\python\python38\site-packages (from wordcloud) (1.22.0)
Requirement already satisfied: kiwisolver>=1.0.1 in c:\users\tang bo\appdata\roaming\python\python38\site-packages (from matplotlib->wordcloud) (1.3.2)
Requirement already satisfied: packaging>=20.0 in c:\users\tang bo\appdata\roaming\python\python38\site-packages (from matplotlib->wordcloud) (21.3)
Requirement already satisfied: python-dateutil>=2.7 in c:\users\tang bo\appdata\roaming\python\python38\site-packages (from matplotlib->wordcloud) (2.8.2)
Requirement already satisfied: pyparsing>=2.2.1 in c:\users\tang bo\appdata\roaming\python\python38\site-packages (from matplotlib->wordcloud) (3.0.6)
Requirement already satisfied: fonttools>=4.22.0 in c:\users\tang bo\appdata\roaming\python\python38\site-packages (from matplotlib->wordcloud) (4.28.5)
Requirement already satisfied: cycler>=0.10 in c:\users\tang bo\appdata\roaming\python\python38\site-packages (from matplotlib->wordcloud) (0.11.0)
Requirement already satisfied: six>=1.5 in c:\users\tang bo\appdata\roaming\python\python38\site-packages (from python-dateutil>=2.7->matplotlib->wordcloud) (1.16.0)
Installing collected packages: wordcloud
Successfully installed wordcloud-1.8.1
```

图 10-10　wordcloud 库安装

 wordcloud 的应用

（1）基本使用。

wordcloud 库把词云当作一个 WordCloud 对象，wordcloud.WordCloud( ) 代表一个文本对应的词云，可以根据文本中词语出现的频率等参数绘制词云，其中，绘制词云的形状、尺寸和颜色都可以设定。

（2）WordCloud 类参数配置如表 10-1 所示。

表 10-1　WordCloud 类参数配置

参　　数	功　　能
height	指定词云对象生成图片的高度，默认为 200 PX
min_font_size	指定词云中字体的最小字号，默认为 4 号
max_font_size	指定词云中字体的最大字号，根据高度自动调节
font_step	指定词云中字体字号的步进间隔，默认为 1

续表

参　　数	功　　能
font_path	指定字体文件的路径，默认为 None
max_words	指定词云显示的最大单词数量，默认为 200
stop_words	指定词云的排除词列表，即不显示的单词列表
mask	指定词云形状，默认为长方形，需引用 imread() 函数
background_color	指定词云图片的背景颜色，默认为黑色

（3）WordCloud 类方法如表 10-2 所示。

表 10-2　WordCloud 类方法

方　　法	功　　能
generate()	根据文本生成词云
to_file()	保存为图片文件
to_array()	转换为 numpy 数组
to_svg()	保存为 SVG（可缩放矢量图形）
recolor()	对输出颜色重新着色

（4）应用实例。

我们仍然使用介绍故宫博物院的文章（palace.txt），然后用以下代码生成词云图。

【例 10-7】 生成词云图。

```
import jieba
import wordcloud
f = open("palace.txt","r",encoding='utf-8')
t = f.read()
f.close()
ls = jieba.lcut(t)         #利用 jieba 分词
txt = " ".join(ls)         #用空格连接
w = wordcloud.WordCloud (font_path = 'c:/ windows/ fonts/ simkai.TTF',width=1000,height=700,background_color='white')
                           #设置词云图的字体、宽度、高度和背景颜色
w.generate(txt)            #根据文本 txt 生成词云
w.to_file("palace.png")    #保存名为 palace 的图片文件
```

运行结果如图 10-11 所示。

图 10-11 词云图

通过运行结果可以看出，虽然得到了与主题相关的紫禁城、皇帝、故宫、午门、大殿、建筑等关键词，但是却出现了一些与主题无关的"的""了""在""是""有"等干扰词。为了解决这个问题，需要停用一些影响主题的干扰词。改进后代码如下。

【例 10-8】词云图优化。

```python
import jieba
import wordcloud
list1 = []
f = open("palace.txt","r",encoding='utf-8')
t = f.read()
f.close()
ls = jieba.lcut(t)
stop = ["的","了","在","是","和","有"]
for i in ls:
    if i not in stop:
        list1.append(i)
txt = " ".join(list1)
w = wordcloud.WordCloud(font_path='c:/windows/fonts/simkai.TTF',width=1000,height=700,background_color='white')
w.generate(txt)
w.to_file("palace1.png")
```

运行结果如图 10-12 所示。

第 10 单元 获取外部的力量——第三方库

图 10-12 优化后的词云图

这样我们就可以非常准确地得到文档的主题词。

【问题 10-2】 如何将五年级语文上册中的《猎人海力布》的主题词提取出来，显示词云效果图？请仿照上面的代码，尝试自己动手编程实现吧！

【问题 10-3】 WordCloud 类的 generate 方法的功能是（　　）。
A. generate（text）在 text 路径中生成词云
B. generate（text）生成词云的宽度为 text
C. generate（text）生成词云的高度为 text
D. generate（text）由 text 文本生成词云

【问题 10-4】 WordCloud 类的 to_file 方法的功能是（　　）。
A. to_file（filename）将词云图保存为名为 filename 的文件
B. to_file（filename）生成词云的字体文件路径
C. to_file（filename）生成词云的形状为 filename
D. to_file（filename）在 filename 路径下生成词云

"本单元中我们学习了 Python 的第三方库。Python 的第三方库，需要下载后安装到 Python 的安装目录下，不同的第三方库安装及使用方法不同。它们的调用方式是一样的，都需要用 import 语句调用。

jieba 是优秀的中文分词第三方库；pyinstaller 是打包 Python 文件的第三方库，利用它，用户就不用下载各种软件运行环境，只需要执行打包好的可执行文件就可以直接运行。WordCloud 是一款非常优秀的制作词云图的第三方库。"

1. 下列关于查找获取第三方库的叙述中，不正确的是（　　）。
    A. 从 pypi.org 网站可以检索获取大量的第三方库
    B. pip 工具是一种常用的安装第三方库工具
    C. 部分第三方库提供 whl 安装文件，安装时可以不依赖网络
    D. 第三方库与 Python 版本无关

2. 下列关于第三方库的使用叙述中，正确的是（　　）。
    A. jieba 库是 Python 中使用广泛的中文分词库
    B. pyinstaller 库可以将 Python 源文件打包为可执行文件
    C. wordcloud 库用于统计英文词频
    D. jieba 库的 cut 和 lcut 方法都可以将中文语句切分为词

3. 如何在 cmd 命令窗口安装 jieba 第三方库？（　　）
    A. install jieba
    B. uninstall jieba
    C. pip uninstall jieba

D. `pip install jieba`

4. 下面关于 pip 工具的描述不正确的是（　　）。
   A. pip 升级第三方库 numpy 的命令是 pip install -upgrade numpy
   B. pip 工具查看当前已安装的 Python 扩展库的完整命令是 pip list
   C. Python 安装科学计算第三方库 numpy 用的是 pip install numpy
   D. pip 只支持在线安装第三方库，不支持离线安装

5. 用于安装 Python 第三方库的工具是（　　）。
   A. `jieba`
   B. `yum`
   C. `loso`
   D. `pip`

6. 以下选项中，Python 机器学习方向的第三方库是（　　）。
   A. `TensorFlow`
   B. `scipy`
   C. `PyQt5`
   D. `Requests`

7. 以下选项中是 Python 中文分词的第三方库的是（　　）。
   A. `turtle`
   B. `wordcloud`
   C. `jieba`
   D. `Pyinstaller`

8. 以下选项中使用 Python 脚本程序转变为可执行程序的第三方库的是（　　）。
   A. `wordcloud`
   B. `turtle`
   C. `jieba`
   D. `pyinstaller`

9. 关于 jieba 库的精确模式分词，以下选项中描述正确的是（　　）。

A. 把句子中所有可以成词的词语都扫描出来，速度非常快
B. 在精确模式基础上，对长词再次切分，提高召回率
C. 将句子最精确地切开，适合文本分析
D. 适合用于搜索引擎分词

10. 以下选项中，不是 pip 工具进行第三方库安装的作用的是（　　）。
    A. 安装一个库
    B. 卸载一个已经安装的第三方库
    C. 列出当前系统已经安装的第三方库
    D. 脚本程序转变为可执行程序

11. 使用 pyinstaller 库对 Python 源文件打包的基本使用方法是（　　）。
    A. pyinstaller 需要在命令行运行 :\>pyinstaller <Python 源程序文件名>
    B. pip -h
    C. pip install < 拟安装库名 >
    D. pip download < 拟下载库名 >

12. 以下函数中，不是 jieba 库函数的是（　　）。
    A. `sorted()`
    B. `lcut()`
    C. `lcut_for_search()`
    D. `add_word()`

13. 请练习安装第三方库 pyinstaller 库、jieba 库、wordcloud 库。

14. 结合 jieba 的分词功能构建《西游记》（可选其中一节）的词云效果。